韓國媽媽最愛的

韓食
組合技

最道地食材搭配，
煮出 230⁺ 道韓風家常菜

韓國評價最高料理雜誌
《Super Recipe》月刊誌——著

suncolor
三采文化

愛吃韓國料理的你，最不可缺的實用型食譜。

料理小白、廚藝高手一致肯定，
《道地韓國媽媽家常菜 360 道》姊妹作！

我的廚房旁有一座小書架，上頭擺滿我過去製作的食譜，其中有一本實用到讓我愛不釋手，就是《道地韓國媽媽家常菜 360 道》。書中將360 道韓國家常菜，從食材處理、火候調整到烹煮時間，都像講解數學公式一樣介紹得鉅細靡遺，連我這種對下廚不陌生的人（畢竟 22 年的主婦也不是當假的），也會不時拿來翻閱查找資料，參考其中的方法來做菜。

《道地韓國媽媽家常菜 360 道》在韓國出版後，立即登上暢銷排行榜的冠軍，被評為是「最具代表性的韓國家常料理指南」。這本書讓我們備受肯定的原因，來自各界的大力支持，不論是新婚夫婦、資深主婦、候鳥爸爸[1]，或租屋族、外籍太太、烹飪教室的老師、學員，甚至各大餐廳的主廚都認為這是本家庭必備的「國民食譜」。

在此要向支持《道地韓國媽媽家常菜 360 道》的讀者們，致上我最深的謝意。

---

1. 指爸爸獨留在韓國賺錢，讓妻子帶小孩到國外受教育的家庭，要一家團圓就得如候鳥般遷移。

來自讀者的真實需求，
更豐富多變的家常料理食譜！

這次《韓國媽媽最愛的韓食組合技》的企劃發想，來自團隊隔週舉辦的讀者意見交流會。許多讀者不斷建議我們，應該要來個姊妹作，以「跟著做就會成功」的精神，介紹更豐富的家常料理。因為新冠疫情的影響，人們對更不一樣的三餐菜色有著強烈需求，經過多次內部討論後，終於決定著手新企劃。然而與其推出全新陌生的原創料理，我們認為「運用巧思做出日常菜色新滋味」更貼近讀者需求。

為了了解一般大眾最常烹煮的家常料理，我們募集了 30 位讀者組成審查團，並進行問卷調查，從小菜、肉類 & 海鮮、湯品 & 鍋物、單品料理中精選，再參考《Super Recipe》雜誌過往 130 多期的內容，整理出韓國家庭最愛用的「組合技」，變化出超過 230 道讓人既熟悉又能眼睛一亮的新式家常菜。

共同參與食譜研發的鄭懋小姐，是 Recipe Factory 旗下的料理試做廚師，過去也參與了《道地韓國媽媽家常菜 360 道》與《Super Recipe》的食譜設計，現以料理研究家的身分活躍於業界。不但每天要替老公準備便當，還要費心操辦兩個孩子的三餐，也因此才能透過她家庭主婦與料理專家的雙重視角，為本書設計既實用又別具特色的變化食譜。

常見食材＋基本醬料＋簡單烹飪手法
百吃不膩的韓式家常菜，輕鬆上桌！

這本書對許多人來說（包括我），絕對會像《道地韓國媽媽家常菜 360 道》一樣受用無窮。因為你會發現，原來只要用常見的食材、基本的調味料、簡單的烹飪手法，就能輕鬆做出各種百吃不膩的新式家常菜。加上每道食譜都經過多次試驗與精密計算，不管是誰，跟著做就會成功！如此實用豐富的內容，絕對是喜愛美味家常菜的人最需要的書籍。像我自己就迫不及待地想做書裡的燒肉料理給兒子吃，因為韓式燒肉是他的最愛，老公和我都愛吃的醬燒鮮魚也有 4 種新做法。一想到全家人坐在餐桌前雀躍的樣子，我就感到無比滿足。

最後，由衷感謝協助本書製作的所有人，謝謝你們無私的付出與努力，包括參與問卷調查的 30 位讀者審查團、超有默契又合作無間的李昭民主編與鄭懋廚師，以及完美消化龐大工作量的元裕京藝術總監、朴亨仁攝影師與金珠妍食物造型師。在此向各位致上我最真摯的感謝！

另外，也要向那些曾是 Recipe Factory 成員，現在在各自領域發光發熱的編輯與試做廚師們說聲感謝，謝謝各位打造出的《Super Recipe》雜誌。今後我也會繼續卯足全力，持續出版更多更優秀的作品，謝謝各位！

發行人 朴成珠

Contents

CHAPTER 1

簡單搭配就美味 家常小菜

大口吃最過癮 肉類＆海鮮料理

暖心又暖胃 湯品&鍋物

基礎指南

《韓國媽媽最愛的韓食組合技》使用說明

1 精緻菜色一目瞭然
以一頁式食譜呈現,含美味
成品&完整步驟,看圖就能
跟著做。

2 照片精美寫實
看照片就能認識美味菜色,隨附
延伸做法更是方便參考。

5 計量方式全分享
除了專用器具的計量方式,另附
目測&手抓計量,料理小白也能
變大師。

6 實用度爆表的延伸料理
辣與不辣、祕密配方、替代食
材,多點小變化料理更迷人!

3 標示清楚分量、
時間、保存期限
所有食譜皆以2～3人份
為標準,詳細資訊方便前
置備料、餐後保存。

4 步驟詳細,看圖就會做
附有完整步驟的照片與詳細
解說,輕鬆煮好上手。

7 好吃祕訣全公開
大方傳授不失敗的料理技巧&知識,
廚房就是你的天下!

計量方式 & 火候 & 熱鍋技巧

● 量杯 & 量匙

1 杯 = 200㎖
1 小匙 = 5㎖
1 大匙 = 15㎖

● 調味料計量方式

醬油、醋、酒等液體類

量杯 / 須放在平坦無傾斜的地方，將液體裝滿至不溢出邊緣的程度。
量匙 / 將液體裝滿至不溢出邊緣的程度。

砂糖、麵粉等粉末類

量杯 & 量匙
砂糖、鹽等大顆粒的調味料裝滿後，用筷子抹平。麵粉等粉末先過篩，裝滿後一樣用筷子輕輕抹平。
＊要取 ½ 大匙時，先取出 1 支大匙裝入，再用手指壓到一半。

味噌、辣椒醬等醬料類

量杯 & 量匙
醬料確實裝滿，確認器具底部無空隙後，用筷子抹平頂部。

＊同樣是裝滿一杯，麵粉重量較輕，而辣椒醬較重，注意不同物質的容量與重量不一定相等。

黃豆、堅果等顆粒類

量杯 & 量匙
把食材按壓裝滿後，用筷子抹平頂部。

● 火候調整

每家的爐火火力不同，請依據火焰與鍋底的間距來調整火候。一起來確認食譜標示的火候狀態。

火焰與鍋底的距離是重點！

中小火

1cm 左右

0.5cm 左右

小火
火焰與鍋底距離約 1cm。

中火
火焰與鍋底距離約 0.5cm。

大火
火焰直接碰觸到鍋底。

＊若使用電磁爐，火力段數應可區分成 3～4：小火 / 6～7：中火 / 9～10：大火，不過每家產品設計不一，使用前請先確認清楚。

● 熱鍋的技巧

以下可選擇自己喜好的方法，如有特殊需求，食譜上會另外備註。

28cm

方法 1
以直徑 28cm 的平底鍋為基準，用中火熱 1 分 30 秒即可，若鍋的厚度較厚，可再多預熱 1～2 分鐘。

方法 2
用中火預熱平底鍋，直到手靠近時能感覺到熱氣。

方法 3
用中火預熱平底鍋，直到滴入 1～2 滴水珠會發出「滋滋滋」的聲音。

基本調味料、替代方式＆分量調整方法

● 基本調味料

預先備好下列調味料，料理起來會更輕鬆。

粉末類
- [ ] 太白粉
- [ ] 韓國辣椒粉
- [ ] 紫蘇籽粉
- [ ] 麵粉
- [ ] 砂糖
- [ ] 鹽
- [ ] 咖哩粉（或咖哩塊）
- [ ] 白芝麻粒
- [ ] 酥炸粉
- [ ] 帕瑪森起司粉
- [ ] 黑胡椒粉

碎末類
- [ ] 蒜末
- [ ] 薑末
- [ ] 蔥末

液體類
- [ ] 韓式湯用醬油
- [ ] 紅酒（不甜的）
- [ ] 檸檬汁
- [ ] 料理酒（或味醂）
- [ ] 巴薩米克醋
- [ ] 白醋
- [ ] 韓國魚露（鯷魚或玉筋魚）
- [ ] 釀造醬油
- [ ] 清酒

醬料類
- [ ] 韓式辣椒醬
- [ ] 韓式味噌醬

油脂類
- [ ] 辣椒油
- [ ] 紫蘇油
- [ ] 奶油
- [ ] 食用油
- [ ] 橄欖油
- [ ] 芝麻油

其他類
- [ ] 蠔油
- [ ] 蜂蜜
- [ ] 炸豬排醬
- [ ] 花生醬
- [ ] 美乃滋
- [ ] 美式黃芥末醬
- [ ] 韓國梅子醬
- [ ] 韓國蝦醬
- [ ] 韓國黃芥末醬
- [ ] 山葵醬
- [ ] 果寡糖
- [ ] 義大利番茄麵醬
- [ ] 番茄醬
- [ ] 黑胡椒粒

※ 後續食譜汆燙、去腥時使用到的鹽、清酒、醋未列於調味料，請另外準備。

● 替代方式

酸味

白醋 1 大匙＝檸檬汁 1½ 大匙

以酸度而言，白醋會比檸檬汁酸，但因為檸檬具有清新的香氣，所以沙拉醬等多使用檸檬汁。

甜味

砂糖 1 大匙＝大米糖漿（조청 = 쌀엿）1 大匙
＝果寡糖（올리고당）或玉米糖漿（물엿）1½ 大匙＝
蜂蜜 ¾ 大匙

以砂糖為基準，大米糖漿的甜度與它差不多，而果寡糖與玉米糖漿的甜度較低。另外，使用砂糖或糖漿在濃稠度與光澤上也會有不同，事先得清楚要的效果。

料理酒

清酒 1 大匙＝韓國燒酒 1 大匙＝白酒 1 大匙
料理酒 1 大匙＝清酒 1 大匙＋砂糖 1 小匙

東方料理大多使用清酒與燒酒，西方料理則使用白酒。料理酒（요리술 = 맛술 = 味醂）帶有甜味，若用清酒替代要加入些許砂糖，但也因此清酒無法用料理酒來替代。

● 分量調整方法

本書食譜皆為 2～3 人份。
增加食譜分量時，重新調味很重要。
燒炒、醬燒、涼拌類等料理須留意調味料的用量，湯品則要注意水量，在烹煮過程中，請視實際狀況加以微調。

調味料

即使料理的分量變多，黏附在器具上的醬料損耗都差不多，若將調味料用量直接增加一倍，味道會變得太重，所以增加 90% 的用量即可。

水

即使料理的分量變多，烹煮過程蒸發量都差不多，若直接將水量增加一倍，味道會變得太淡，所以增加 90% 的水量即可。

按上述原則仍覺味道不足時

最後起鍋前，再加調味料調整。

9 種常見海鮮處理法

牡蠣

1
牡蠣用濾網盛裝，放入鹽水（4 杯水＋1 大匙鹽）輕輕抓洗。

2
洗淨後將水瀝乾。

花蛤

1
大碗內倒入蓋過花蛤的水，用手反覆搓洗，再以清水沖淨。

2
撈出花蛤將水瀝乾。
＊若尚未吐沙，請將花蛤浸泡鹽水（2～3 杯水＋2 大匙鹽），套上黑色袋子，放冰箱冷藏吐沙約 6 小時。

血蛤

1
大碗內倒入蓋過血蛤的水，反覆搓洗，再以清水沖洗乾淨。

2
鍋中加入大量清水以大火煮沸，放入血蛤、清酒（少許）攪煮 2～4 分鐘至殼口打開。

3
撈出血蛤，將水瀝乾取出血蛤肉。
＊若殼未打開，可用湯匙尖端平行抵住殼頂（如圖），轉動匙面即能打開。

淡菜

1
將淡菜互相摩擦清除表殼雜質。

2
拔除淡菜上的足絲。

鮑魚

1
使用刷子將鮑魚輕輕刷乾淨。

2
把湯匙（或小刀）插入肉與殼之間，將鮑魚肉分離出來。

鮑魚嘴
內臟

3
去掉內臟後，將鮑魚嘴切除約 1cm。

4
用力捏擠鮑魚嘴，把隱藏在內的牙齒擠出來丟掉。

蝦子

1
先用剪刀剪去長鬚與尖嘴。

2
剪掉蝦頭上的尖刺。若要用帶殼蝦入菜，處理至此即可。

3
拔除蝦頭。

4
從蝦腳處下手將蝦殼剝除，由頭往尾端剝會更容易。

5
剝除蝦尾。

章魚

 1
先用剪刀將章魚頭剪開。

 2
把剪開的部分翻開來。

 3
將章魚頭內的內臟剪除。

 4
翻開章魚腳,用力按壓正中央的口器將其剝除。

 5
用剪刀把眼睛部分剪掉。

 6
把章魚放入大碗加點麵粉搓洗,用清水沖淨,重複2~3次至沒有髒水。

小章魚

 1
先用剪刀將小章魚頭剪開。

 2
把剪開的部分翻開來。

 3
將小章魚頭內的內臟剪除。

 4
翻開小章魚腳,用力按壓正中央的口器將其剝除乾淨。

 5
用剪刀把眼睛部分剪掉。

 6
把小章魚放入大碗內加點麵粉搓洗,再用清水沖淨,重複2~3次至沒有髒水。

魷魚

• 不剪開身體時

 1
把手伸進魷魚身體內,準備將身體與內臟分離。

 2
用力將內臟拉出來。
＊長條透明的魷魚骨也一併摘掉。

• 剪開身體時

 1
用剪刀將魷魚身體部分剪開。

2
將內臟摘除。

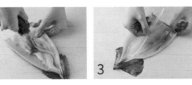 3
中間長條透明的魷魚骨也一併摘掉。

• 共同處理的部分

 1
用剪刀把腳與內臟剪開來,內臟丟掉。

 2
翻開魷魚腳,用力按壓正中央的口器將其剝除。

 3
把魷魚的眼睛剪掉。

 4
將魷魚腳放入裝滿水的大碗中,反覆搓洗,將上面的吸盤去除洗淨。

13

簡單搭配就美味

01 **家常小菜**

善用冰箱就有的蔬菜、蕈菇、豆腐、魚板，
組合出一道道美味誘人的健康小菜。

蔬菜 ✕ 蔬菜
8 道

海苔綠豆芽拌水芹
綠豆芽、水芹與鮮味
十足的海苔，一起抓
拌成爽口的涼拌菜。

→ P17

涼拌菠菜紅蘿蔔
青嫩的菠菜、鮮甜多
汁的紅蘿蔔，搭配香
濃花生美乃滋。

→ P17

麻香彩椒青花菜
清脆好吃的青花菜與
彩椒，裹上帶有芝麻
香氣的辣味美乃滋。

→ P20

醋拌洋蔥茄子
口感扎實的炒茄子與
脆甜微辣的洋蔥絲，
拌入酸香醬汁。

→ P21

辣拌小黃瓜高麗菜
小黃瓜、高麗菜與香
辣帶勁的醬料，拌成
脆口消暑的生泡菜。

→ P22

涼拌韭菜黃豆芽
清脆的韭菜與黃豆
芽，佐上微刺鼻的黃
芥末，吃來超夠味。

→ P23

辣炒明太子櫛瓜
鮮甜的櫛瓜、微辣的
獅子唐辛子，搭配鹹
香的明太子拌炒。

→ P24

大醬燉芝麻葉娃娃菜
層層疊好的芝麻葉及
娃娃菜，再用甘醇的
韓式味噌醬燉煮。

→ P25

海苔綠豆芽拌水芹 ⋯▸ P18

涼拌菠菜紅蘿蔔 ⋯▸ P19

海苔綠豆芽拌水芹

⏱ **20 ～ 25 分鐘**
△ **2 人份**
🗄 **冷藏 5 天**

- 綠豆芽 4 把（200g）
- 水芹 ⅓ 把（或茴芹，約 25g）
- 原味海苔片 4 片（A4 大小）

調味料
- 蔥末 1 大匙
- 白芝麻粒 1 小匙
- 蒜末 ½ 小匙
- 釀造醬油 4 小匙
- 果寡糖 1 小匙
- 芝麻油 1 小匙

> **延伸做法**
> - 可使用調味過的海苔片，省略烙烤步驟，並依海苔片的鹹度調整醬油用量。
> - 加入 2 小匙白醋提味，會讓酸度更有層次。

1
綠豆芽先以清水洗淨後，瀝乾。

2
摘除水芹枯黃的部分後，切成約 5cm 的長段。

3
將綠豆芽、½ 杯水放入鍋中，蓋上鍋蓋大火煮 30 秒，再以中火煮 2 分鐘。

4
開蓋把綠豆芽由下往上翻拌均勻加入水芹，再蓋鍋蓋以中火煮 1 分鐘。

5
將綠豆芽、水芹撈出瀝乾，放涼備用。

6
取 2 片海苔相疊放入熱好的鍋中，以中小火兩面各烤 15 ～ 20 秒，剩餘海苔按相同方式烙烤。

7
將烤香的海苔片放入塑膠袋中捏碎。

8
把調味料放入大碗內拌成醬料，加入綠豆芽、水芹、碎海苔拌勻。

涼拌菠菜紅蘿蔔

🕐 15 ～ 20 分鐘
🍽 2 ～ 3 人份
🗄 冷藏 7 天

• 菠菜 4 把（200g）
• 紅蘿蔔 ½ 條（100g）

調味料
• 花生醬 2 大匙
• 美乃滋 3 大匙
• 冷開水 1 大匙
• 釀造醬油 1 小匙
• 蒜末 1 小匙
• 蔥末 1 小匙

延伸做法
• 可用烤香的花生切碎（3 大匙）替代花生醬，若覺得味道不夠，再加鹽調味。
• 或用等量（200g）的茼芹替代菠菜也十分對味。

1
紅蘿蔔切成細絲。起一鍋汆燙菠菜的滾水（5 杯水＋1 小匙鹽）備用。

2
用大量清水將菠菜抓洗乾淨。

3
用刀子將卡在根部的泥土輕輕刮除。

4
較大束的菠菜可在根部切十字，分成四等分。

5
將菠菜汆燙 30 秒撈出用冷開水沖洗，再擠乾水分。滾水繼續燒開。

6
把擠成團的菠菜，用十字刀法切開。

7
將紅蘿蔔絲用步驟⑤的熱水汆燙 1 分鐘撈出，以冷開水沖洗後擠乾。

8
把調味料放入大碗內拌成醬料，加菠菜、紅蘿蔔絲拌勻。

⏲ **10 ～ 25 分鐘**
⌂ **2 ～ 3 人份**
▣ **冷藏 3 天**

• 青花菜 ½ 個（150g）
• 彩椒 1 個（200g）

調味料
• 現磨白芝麻粉 6 大匙
• 砂糖 1 大匙
• 韓式辣椒醬 2 大匙
• 美乃滋 1 大匙
• 韓國梅子醬 1 大匙
• 蒜末 1 小匙

延伸做法

• 可用等量（6 大匙）的綜合堅果切碎替代白芝麻粉，會有更濃郁的堅果香氣。

• 或加 1 ～ 2 大匙的白醋提味，酸度更有層次。

麻香彩椒青花菜

1

青花菜切成一口大小。起一鍋滾水（4 杯水＋1 小匙鹽）備用。

2

彩椒切成易入口的大小。

3

將青花菜放入滾水，以中火汆燙 1 分鐘後撈起，用冷開水沖洗後擠乾。

4

把調味料放入大碗內拌成醬料，加入青花菜、彩椒拌勻。

＊建議吃之前才做，放太久容易出水。

⏱ 10 ～ 25 分鐘
🍴 2 ～ 3 人份
🗄 冷藏 5 天

- 茄子 2 條（300g）
- 洋蔥 ½ 顆（100g）
- 大蔥 10cm

調味料
- 砂糖 1 小匙
- 釀造醬油 1 大匙
- 芝麻油 1 大匙
- 白芝麻粒 1 小匙
- 蒜末 ½ 小匙
- 白醋 2 小匙

延伸做法
- 可變成冷湯料理：將 2 杯（400mℓ）冷開水、2 大匙砂糖、1 ½ 大匙白醋（按口味增減）、2 小匙鹽拌成冷湯，將做好的小菜加入。

醋拌洋蔥茄子

1

茄子先縱切對半，再斜切成 0.5cm 厚的斜片。

＊厚度一致，煎的時間才會相近。

2

將洋蔥切成 0.5cm 寬的細絲、大蔥切成蔥花。調味料放入大碗內拌成醬料。

3

在熱好的鍋中放入茄子，以大火乾煎 3 ～ 5 分鐘至水分蒸發。

＊請按家中平底鍋大小分次煎好。

4

將洋蔥、茄子、大蔥放入步驟②的醬料中輕輕攪拌均勻。

⏱ 15 ～ 20 分鐘
　　（＋醃漬 20 分鐘）
🍽 2 ～ 3 人份
🧊 冷藏 7 天

- 高麗菜 6 片
　（手掌大小，180g）
- 小黃瓜 1 條（200g）

醃料
- 鹽 1 大匙
- 水 ½ 杯（100mℓ）

調味料
- 韓國辣椒粉 3 大匙
- 砂糖 1½ 大匙
- 白芝麻粒 ½ 大匙
- 蒜末 ½ 大匙
- 白醋 1½ 大匙
- 韓國魚露 1 大匙
　（玉筋魚或鯷魚）
- 芝麻油 1 小匙

延伸做法
- 可用等量（180g）的彩
　椒替代高麗菜。

辣拌小黃瓜高麗菜

1
取 1 大匙鹽搓揉小黃瓜表皮，以冷開水洗淨，用刀子將表皮突刺刮乾淨。

2
小黃瓜先縱切對半，再斜切成 0.5cm 厚的片，高麗菜切成易入口的大小。

3
小黃瓜、高麗菜、醃料放入大碗內拌勻醃 20 分鐘，再撈出以冷開水沖洗後瀝乾。
＊醃時由下往上翻拌 1 ～ 2次會更入味。

4
把調味料放入大碗內拌成醬料，加入小黃瓜、高麗菜後用手抓勻。

⏱ 15 ～ 20 分鐘
△ 2 ～ 3 人份
🗄 冷藏 3 天

- 黃豆芽 2 把（100g）
- 韭菜 ½ 把（或珠蔥，25g）
- 洋蔥 ¼ 顆（50g）

調味料
- 白芝麻粒 1 小匙
- 蒜末 1 小匙
- 釀造醬油 2 小匙
- 韓國黃芥末醬 1 ～ 2 小匙
  （按口味增減）
- 果寡糖 2 小匙
- 芝麻油 1 小匙
- 鹽少許

延伸做法
- 可加入 2 小匙韓國辣椒粉、2 小匙白醋（按口味增減），做成酸辣版的涼拌菜。

涼拌韭菜黃豆芽

1
將黃豆芽以清水洗淨後瀝乾。韭菜切成 4cm 長段，洋蔥切成 0.3cm 寬的細絲。

2
把洋蔥泡冷開水 10 分鐘去辛辣味，再用濾網撈出瀝乾。

3
將黃豆芽、½ 杯水放入鍋中，蓋上鍋蓋以大火煮 30 秒，再轉中火煮 5 分鐘後撈出瀝乾，並攤平放涼。

＊煮黃豆芽時要全程蓋鍋蓋，才不會有腥味。

4
把調味料放入大碗內拌成醬料，加入韭菜、洋蔥拌開後，放入黃豆芽輕輕拌勻。

🕐 **15 ～ 20 分鐘**
🍚 **2 ～ 3 人份**
🧊 **冷藏 5 天**

- 櫛瓜 1 條（270g）
- 獅子唐辛子 20 條（120g）
- 明太子 2 ～ 3 條
  （60g，按鹹度增減）
- 大蔥 10cm（切成細絲）
- 蒜末 1 小匙
- 清酒 1 小匙（或韓國燒酒）
- 食用油 1 大匙
- 紫蘇油 1 大匙

延伸做法

- 可將 1 把（70g）義大
  利麵按包裝煮熟後，與
  這道菜一半的分量、4
  大匙煮麵水、2 大匙橄
  欖油拌炒，做成明太子
  櫛瓜義大利麵。

辣炒明太子櫛瓜

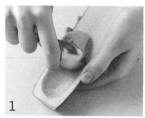

1 櫛瓜先縱切對半，挖除瓜芯後，切成 0.5cm 的厚片。與一小匙鹽放入大碗內拌勻靜置 10 分鐘，再用冷水沖洗瀝乾。

2 洗去明太子上的醃料，先縱切對半，再切成 1cm 寬的小塊。

3 在熱鍋中加入食用油、紫蘇油，以小火爆香蒜末、蔥絲 1 分鐘。

4 放入櫛瓜片轉成中火炒 3 ～ 4 分鐘，加入明太子、獅子唐辛子、清酒拌炒 1 分鐘。

＊可依據口感，調整櫛瓜拌炒時間。

⏱ **25 ～ 30 分鐘**
🍽 **2 ～ 3 人份**
📦 **冷藏 3 天**

- 娃娃菜 7 片（手掌大小，或白菜 4 片，210g）
- 韓國芝麻葉 10 片
- 大蔥 10cm
- 青陽辣椒 1 條（或其他辣椒，可省略）
- 熬湯用小魚乾 15 尾（15g）
- 昆布 5×5cm 2 片

調味料
- 韓式味噌醬 1 ½ 大匙（按鹹度增減）
- 蒜末 1 小匙
- 韓式湯用醬油 1 小匙
- 紫蘇油 1 小匙
- 水 ½ 杯（100ml）

延伸做法
- 可將 100g 的火鍋肉片加入步驟②，與芝麻葉一起堆疊起來。

大醬燉芝麻葉娃娃菜

1

將調味料放入小碗內拌成醬汁。大蔥、青陽辣椒斜切成片，韓國芝麻葉縱切對半。

2

以娃娃菜→韓國芝麻葉→娃娃菜的順序，層層疊好，堆疊時娃娃菜要頭尾反覆交錯放置。

3

把小魚乾、昆布加入鍋中，放入疊好的步驟②，撒上蔥片、辣椒片，再把醬汁均勻淋在上面。

4

蓋上鍋蓋以大火煮滾後，轉中小火煮 15 分鐘，期間不時晃動鍋子以防燒焦，關火後燜 2 分鐘。

蔬菜 ✕ 蕈菇
6 道

辣炒百菇鮮蔬
以不同種類的蕈菇，帶出變化豐富的口感與香味。

…→ P27

醬燒根莖蔬菜
根莖類搭配新鮮蕈菇，醬燒出清爽不死鹹的桌邊小菜。

…→ P27

涼拌韭菜黑蠔菇
鮮嫩的黑蠔菇用紫蘇油炒香，再與爽脆韭菜結合的美味料理。

…→ P30

鮮菇蘿蔔絲拌紫蘇籽
煮得水嫩的白蘿蔔絲與秀珍菇，裹上香氣十足的紫蘇籽粉。

…→ P31

黃豆芽炒香菇
新鮮香菇炒出香氣，再與黃豆芽、香辣醬汁拌炒。

…→ P32

香煎櫛瓜杏鮑菇
煎得金黃美味的櫛瓜與杏鮑菇，拌入鹹香微辣的醬汁。

…→ P33

延伸 韓式炒年糕

辣炒百菇鮮蔬 ⋯▶ P28

醬燒根莖蔬菜 ⋯▶ P29

辣炒百菇鮮蔬

⏱ 15～20 分鐘
🍽 2～3 人份
🧊 冷藏 7 天

- 綜合菇 400g
  （鮮香菇、秀珍菇等）
- 韓國芝麻葉 5 片
- 大蔥 20cm
- 食用油 2 大匙
- 紫蘇油 2 大匙
  （或芝麻油）

調味料
- 韓國辣椒粉 2 大匙
- 砂糖 1½ 大匙
- 蒜末 1 大匙
- 釀造醬油 1 大匙
- 韓式辣椒醬 1 大匙
- 黑胡椒粉 ¼ 小匙

延伸做法
- 可將韓國年糕條（150g）用滾水煮軟，加入步驟⑥與醬汁拌炒，享受香辣夠味的辣炒年糕。

1 將調味料放入小碗內拌成醬料。

2 綜合菇剝成小條或切成易入口大小。

3 韓國芝麻葉先縱切對半，再切成 1cm 寬的粗條，大蔥先切成 5cm 長段，再切成細絲。

4 在熱鍋中加入食用油、紫蘇油，以小火爆香蔥絲 1 分鐘。

5 加入綜合菇後轉大火炒 2 分鐘。

6 加醬料轉小火炒 2 分鐘。

7 關火加韓國芝麻葉拌勻。

醬燒根莖蔬菜

⏱ 30 ～ 35 分鐘
👥 2 ～ 3 人份
🧊 冷藏 3 ～ 4 天

- 牛蒡直徑 2cm、長度 20cm 1 條（50g）
- 蓮藕直徑 5cm、長度 6cm 1 條（100g）
- 紅蘿蔔 ⅕ 條（或馬鈴薯，40g）
- 杏鮑菇 1 朵（或其他菇類，80g）
- 大蔥 20cm
- 食用油 1 大匙
- 昆布 5×5cm 2 片
- 水 1¾ 杯（350㎖）

- 白芝麻粒 1 大匙
- 果寡糖 ½ 大匙（按口味增減，可省略）
- 芝麻油 1 小匙

調味料
- 釀造醬油 2 大匙
- 料理酒 1 大匙
- 果寡糖 ½ 大匙
- 水 ¼ 杯（50㎖）

延伸做法
- 亦可使用單一根莖類蔬菜，只要將總重量控制在 150g 左右即可。

1
將牛蒡完全去皮後，先切成 4cm 長段，再切成 0.5cm 厚的片狀。

2
把蓮藕削乾淨，先縱切對半後，再切成 0.5cm 厚的片狀。

3
牛蒡、蓮藕放入醋水（4 杯水＋1 大匙白醋）中浸泡 10 分鐘，撈出沖洗後瀝乾。

＊泡醋水能去澀味、防氧化。

4
杏鮑菇縱切對半，再切成 1cm 厚片狀，紅蘿蔔用十字刀法切 4 等分後，再切成 0.5cm 厚的片狀。

5
大蔥切成 4cm 長的段。調味料放入小碗內拌成醬汁。

＊蔥段太粗可再縱切對半。

6
在熱好的鍋中倒入食用油，以中小火爆香蔥段 1 分鐘，加入牛蒡、蓮藕、昆布、1¾ 杯水（350㎖）以大火煮滾，再轉中小火煮 15 分鐘。

7
加紅蘿蔔、杏鮑菇、醬汁以中小火煮 15 ～ 20 分鐘，到醬汁收至 1 大匙左右，不時翻動食材避免燒焦。

＊輕輕翻動就好，以防將食材拌碎。

8
取出昆布，關火後加入白芝麻粒、果寡糖、芝麻油拌勻。

⏱ **10 ～ 15 分鐘**
🍽 **2 ～ 3 人份**
🗄 **冷藏 7 天**

- 黑蠔菇 100g
- 營養韭菜[1] 1 把（25g）
- 蒜末 1 小匙
- 食用油 1 大匙
- 紫蘇油 1 小匙
  （或芝麻油）

調味料
- 砂糖 1 小匙
- 釀造醬油 1½ 小匙
- 韓國梅子醬 1 小匙
- 白芝麻粒 1 小匙
- 研磨黑胡椒粉少許
  （可省略）

延伸做法

- 可用等量（100g）的其他菇類替代黑蠔菇。

涼拌韭菜黑蠔菇

1

黑蠔菇剝成小條。營養韭菜切成 5cm 長段。

2

把調味料放入大碗內拌成醬料。

3

在熱鍋中加入食用油、紫蘇油，小火爆香蒜末 30秒，放入黑蠔菇轉中火炒3 分鐘。

4

將營養韭菜、炒好的黑蠔菇，加入步驟②的醬料中拌匀。

---

1. 營養韭菜（영양부추），又稱絲韭菜（실부추）或松葉韭菜（솔부추），因營養價值高而得名，外觀纖細、口感清脆辛辣，並有如大白菜的清香。

⏱ 25 ～ 30 分鐘
△ 2 ～ 3 人份
🔄 冷藏 5 天

- 白蘿蔔 1 片直徑 10cm、
  厚度 2cm（200g）
- 秀珍菇 4 把（或其他菇
  類，200g）
- 昆布 5×5cm 2 片
- 水 1 杯（200㎖）
- 蔥末 1 大匙
- 蒜末 ½ 大匙
- 韓式湯用醬油 1 大匙
- 紫蘇籽粉 3 大匙
- 鹽少許

延伸做法

- 可與白飯、1 大匙韓式
  辣椒醬、1 小匙芝麻
  油、1 顆太陽蛋，做成
  鮮菇蘿蔔絲拌飯。

鮮菇蘿蔔絲拌紫蘇籽

1

白蘿蔔片切成 0.5cm 寬的絲。秀珍菇剝小條。

2

把白蘿蔔絲、昆布、1 杯水（200㎖）加入鍋中，蓋上鍋蓋以中火煮 5 分鐘，待白蘿蔔絲煮熟後取出昆布。

3

加入秀珍菇、蔥末、蒜末、湯用醬油，不蓋鍋蓋以中火拌炒 10 ～ 12 分鐘，至湯汁幾乎收乾。

4

加入紫蘇籽粉拌勻後加鹽調味。

⏱ **15 〜 20 分鐘**
△ **2 〜 3 人份**
🔲 **冷藏 5 天**

- 黃豆芽 4 把（400g）
- 新鮮香菇 5 朵
  （或其他菇類，125g）
- 大蔥 10cm
- 蒜末 1 小匙
- 食用油 1 大匙
- 紫蘇油 1 大匙（或芝麻油）
- 鹽少許

調味料
- 砂糖 2 小匙
- 韓國辣椒粉 2 小匙
- 水 1 大匙
- 釀造醬油 1 大匙
- 白芝麻粒 1 小匙

延伸做法

- 可取出一部分稍微切小，與白飯、海苔碎片以紫蘇油拌炒，做成香氣四溢的炒飯。

黃豆芽炒香菇

1

將黃豆芽以清水洗淨後瀝乾。調味料放入小碗拌成醬汁。

2

香菇切成 0.5cm 厚的片狀。大蔥先切成 5cm 長段，再切成細絲。

3

在熱鍋中加入食用油、紫蘇油，以小火爆香蔥絲、蒜末 1 分鐘，再加入香菇轉中火炒 1 分鐘。

4

將黃豆芽放入鍋內，以大火煮 1 分鐘後加入醬汁，轉中火翻炒 3 〜 3 分 30 秒，再依口味加鹽調味。

⏱ 20 ～ 25 分鐘
⌂ 2 ～ 3 人份
🅱 冷藏 7 天

- 杏鮑菇 2 朵
  （或其他菇類，160g）
- 櫛瓜 1 條（270g）
- 食用油 1 大匙＋1 大匙

調味料
- 蒜末 ½ 大匙
- 釀造醬油 1½ 大匙
- 白芝麻粒 1 小匙
- 韓國辣椒粉 1 小匙（可省略）
- 砂糖 ⅓ 小匙
- 芝麻油 1 小匙

延伸做法

- 可搭配白飯淋上芝麻
  油，做成香煎櫛瓜杏鮑
  菇拌飯。

香煎櫛瓜杏鮑菇

1	2	3	4
櫛瓜與杏鮑菇切成 0.5cm 厚的圓片。調味料放入大碗拌成醬料。	在熱好的鍋中加入 1 大匙食用油，以中火將櫛瓜兩面各煎 1 分 30 秒～ 2 分鐘至金黃後盛出。 *請按家中平底鍋大小分次煎好。	鍋中重新加入 1 大匙食用油，以中火將杏鮑菇兩面各煎 1 分 30 秒～ 2 分鐘至金黃。 *請按家中平底鍋大小分次煎好。	將煎好的櫛瓜、杏鮑菇放入步驟①的醬料中拌勻。

蔬菜 × 海鮮
8 道

鮮蝦燉櫛瓜
用韓式味噌醬燉煮香甜櫛瓜與Q彈的蝦仁，超美味。

⋯→ P35

鮮蚵娃娃菜
有牡蠣與娃娃菜的鮮甜味，猶如在吃高檔的中式料理。

⋯→ P35

辣炒鮑魚高麗菜
辣油把鮑魚、青椒、高麗菜炒得紅通通，香辣過癮。

⋯→ P38

香辣魷魚綠豆芽
以大火快炒的綠豆芽鋪底，放上辣炒魷魚後，即可大快朵頤。

⋯→ P39

辣拌水芹血蛤
彈牙的血蛤與爽口的水芹，拌入辛香酸辣的醬汁相當好吃。

⋯→ P40

涼拌珠蔥明太魚乾
把明太魚乾泡軟後，與香氣十足的珠蔥一起拌醬油風醬汁。

⋯→ P41

醋拌韭菜魷魚
香Q的魷魚、脆口的韭菜、洋蔥，與酸辣醬汁完美融合。

⋯→ P42

小黃瓜辣椒拌花蛤
鮮甜的花蛤與爽脆多汁的小黃瓜辣椒，拌韓式味噌風味醬汁。

⋯→ P43

鮮蚵娃娃菜 ··· ▶ P37

鮮蝦燉櫛瓜 ··· ▶ P36

鮮蝦燉櫛瓜

⏱ **15～20 分鐘**
　（＋醃漬 10 分鐘）
🍽 **2～3 人份**
🧊 **冷藏 5 天**

- 新鮮蝦仁 10 隻（100g）
- 櫛瓜 1 條（270g）
- 韓式味噌醬 1 大匙
　（按鹹度增減）
- 蒜末 2 小匙
- 水 5 大匙（75㎖）
- 食用油 1 大匙

醃料
- 清酒 1 小匙
　（或韓國燒酒）
- 釀造醬油 ½ 小匙

延伸做法

- 可在最後加入 1 條切碎的青陽辣椒拌炒。

1
將蝦仁與醃料拌勻醃 10 分鐘。

2
櫛瓜先縱切成 4 等分，再切成 1cm 厚的片狀。把櫛瓜片、½ 小匙鹽放入大碗拌勻醃 10 分鐘。

3
撈出櫛瓜片以清水沖洗瀝水後，用廚房紙巾把多餘的水分吸乾。

4
將韓式味噌醬、5 大匙水（75㎖）放入小碗內拌成醬汁。

5
在熱好的深平底鍋中加入食用油，以大火拌炒櫛瓜片、蒜末 1 分鐘。

6
倒入步驟④的醬汁，煮滾後轉中小火，蓋上鍋蓋繼續煮 3 分鐘。

7
放入蝦仁拌炒 3 分鐘。

鮮蚵娃娃菜

- ⏱ 15～20 分鐘
- 🍽 2～3 人份
- 🧊 冷藏 1 天

- 牡蠣 1 杯（200g）
- 娃娃菜 5 片（手掌大小，或白菜 3 片，150g）
- 大蔥 15cm
- 蒜頭 4 粒（20g）
- 青陽辣椒 1 條（或其他辣椒，可省略）
- 食用油 2 大匙
- 鹽少許

調味料

- 料理酒 1 大匙
- 釀造醬油 1 大匙
- 砂糖 1 小匙
- 黑胡椒粉少許

延伸做法

- 可搭配白飯淋上一些芝麻油，做成鮮蚵娃娃菜蓋飯。

1 娃娃菜切成一口大小。菜梗部分、1 小匙鹽放入大碗內拌勻，醃 10 分鐘後擠乾。

＊醃時翻拌 1～2 次更入味。

2 大蔥先切成 3cm 長的小段，再縱切對半，蒜頭切成薄片，青陽辣椒斜切成片。

3 把調味料放入小碗內拌成醬汁。

4 牡蠣用濾網盛裝，放入鹽水（4 杯水＋1 大匙鹽）中輕輕抓洗後瀝乾。

5 在熱好的深平底鍋中放入牡蠣，以大火乾炒 1 分 30 秒。

6 把炒好的牡蠣放在濾網上瀝乾。

＊去除牡蠣水分，才不會有過多湯汁。

7 重新熱鍋後加入食用油，以小火爆香蒜片、辣椒片、蔥段 2 分鐘，放入步驟①的菜梗拌炒 1 分鐘。

8 加入牡蠣、娃娃菜葉大火炒 1 分鐘，加入醬汁炒 30 秒，依口味加鹽調味。

⏱ **15 ～ 20 分鐘**

△ **2 ～ 3 人份**　⬚ 冷藏 **1 天**

- 鮑魚 2 顆（處理後，60g）
- 高麗菜 4 片（手掌大小，120g）
- 青椒 ½ 個（或洋蔥、彩椒，50g）
- 大蔥 15cm
- 青陽辣椒 2 條（依口味調整）
- 蒜末 1 ½ 大匙
- 韓國辣椒粉 ½ 大匙
- 辣椒油 1 大匙（或食用油）
- 芝麻油 1 小匙

調味料

- 水 3 大匙　　• 料理酒 1 大匙
- 釀造醬油 1 大匙
- 果寡糖 1 小匙

延伸做法

- 可用雞胸肉替代鮑魚：將 1 塊（100g）雞胸肉縱切對半後，切成 1cm 厚的肉片，再按照同樣的步驟調理。
- 可不加辣椒粉，並以食用油替代辣油，做成孩子也能吃的不辣口味。

辣炒鮑魚高麗菜

1

將處理乾淨的鮑魚切成 0.5cm 厚的片狀，高麗菜、青椒切成一口大小。

＊鮑魚處理參考 P12。

2

大蔥先切成 5cm 長段，再切成細絲，青陽辣椒斜切成片。調味料放入小碗內拌成醬汁。

3

熱鍋中加入辣椒油，以小火爆香蔥絲、辣椒片、辣椒粉、蒜末 1 分鐘。

4

加入鮑魚、高麗菜、青椒、醬汁拌炒 2 分鐘，關火後加芝麻油拌勻。

⏱ 15 ～ 20 分鐘
△ 2 ～ 3 人份
◎ 冷藏 1 天

- 魷魚 2 尾
  （540g，處理後 360g）
- 綠豆芽 5 把（250g）
- 大蔥 20cm
- 青陽辣椒 1 條
- 鹽 ¼ 小匙
- 食用油 1 大匙＋1 大匙

調味料
- 韓國辣椒粉 2 大匙
- 釀造醬油 1 大匙
- 芝麻油 1 大匙
- 果寡糖 1 大匙（按口味增減）
- 砂糖 2 小匙
- 蒜末 1 小匙

延伸做法

- 可用等量（250g）的黃豆芽替代綠豆芽，但步驟③要改為：以大火不拌炒煮 1 分鐘，再加入鹽拌炒 4 分鐘後盛盤。

香辣魷魚綠豆芽

1

魷魚處理乾淨後，將身體縱切對半，再切成 1cm 寬的粗條，腳切成 4 ～ 5cm 的長段。

＊剪開魷魚處理參考 P13。

2

大蔥先切成 5cm 長段，再切成細絲，青陽辣椒斜切成片。調味料放入小碗內拌成醬料。

3

熱鍋中加入 1 大匙食用油，加綠豆芽以大火煮 1 分鐘（不要拌炒），再加鹽拌炒 1 分鐘後盛盤。

4

重新熱好鍋後加入 1 大匙食用油，以小火爆香蔥絲 1 分鐘，放入魷魚、辣椒片、醬料快炒 2 ～ 3 分鐘，盛出鋪在綠豆芽上。

🕐 **20 ～ 25 分鐘**
⌂ **2 ～ 3 人份**
🔲 **冷藏 3 天**

- 血蛤（800g）
- 水芹 2 把（100g）

調味料

- 蔥末 1 大匙
- 釀造醬油 1 大匙
  （按口味增減）
- 韓式辣椒醬 3 大匙
- 韓國辣椒粉 1 小匙
- 砂糖 1 小匙
- 白芝麻粒 1 小匙
- 蒜末 1 小匙
- 白醋 2 小匙
- 芝麻油 2 小匙

延伸做法

- 可加入 3 片切成絲的韓國芝麻葉會更有滋味。
- 或將 1 把（100g）韓國筋麵煮熟後搭配享用。

加韓國芝麻葉 延伸

辣拌水芹血蛤

1
大碗內倒入蓋過血蛤的水，反覆搓洗外殼，再以清水沖洗乾淨。

2
鍋中加入大量清水以大火煮沸，放入血蛤、清酒（少許）攪煮 2 ～ 4 分鐘至殼口打開。

3
撈出血蛤瀝乾，取出血蛤肉。

＊若殼口沒打開，可用湯匙抵住殼頂，再轉動幾次就能打開。

4
水芹切成 5cm 長段。調味料放入大碗內拌成醬料，再加血蛤肉、水芹拌勻即可。

⏱ 15 ～ 25 分鐘
△ 2 ～ 3 人份
🔲 冷藏 2 週

• 明太魚乾 2 杯（約 40g）
• 珠蔥 4 把（約 30g）

調味料
• 砂糖 1 大匙
• 釀造醬油 1½ 大匙
• 浸泡明太魚乾的水 1 大匙
• 芝麻油 1 大匙
• 蒜末 1 小匙
• 清酒 1 小匙
　（或韓國燒酒，可省略）
• 白芝麻粒少許

延伸做法

• 可用等量（30g）的韭菜
　替代珠蔥。

涼拌珠蔥明太魚乾

1 將明太魚乾剪成一口大小。

2 把明太魚乾放入裝有 1 杯冷開水（200㎖）的大碗內，浸泡 3 分鐘後將水分擠乾。將浸泡的水留 1 大匙，以備加入醬汁使用。

3 珠蔥切成 3cm 的長段。

＊較粗的部分可縱切對半。

4 把所有調味料放入大碗內拌成醬汁後，放入泡好的明太魚乾用力抓拌，再加珠蔥輕輕拌勻。

＊明太魚乾要用力抓拌，才能吸收醬汁。

⏱ **20～30 分鐘**
🍽 **3～4 人份**　🧊 冷藏 3 天

- 魷魚 1 尾（270g，處理後 180g）
- 韭菜 1 把
  （或小黃瓜、青椒，50g）
- 洋蔥 ¼ 顆（50g）

調味料

- 砂糖 1½ 大匙
- 白醋 1½ 大匙
- 韓式辣椒醬 1½ 大匙
- 白芝麻粒 1 小匙
- 韓國辣椒粉 ½ 小匙
- 蒜末 1 小匙

延伸做法

- 可將 1 把（70g）韓國細麵，按包裝標示煮熟後搭配享用。
- 可用冷凍大蝦仁（10隻，200g）替代魷魚，蝦仁解凍後汆燙 3 分鐘即可。

搭配韓國細麵 延伸

醋拌韭菜魷魚

1

魷魚處理乾淨後，將身體切成 0.5cm 寬的魷魚圈，腳切成 4cm 長段。

＊不剪開魷魚處理參考 P13。

2

把魷魚放入 ½ 杯的滾水中以大火汆燙 2 分 30 秒，瀝乾放涼備用。

3

韭菜切成 4cm 長段，洋蔥切成細絲，用冷開水浸泡 10 分鐘去辛辣後瀝乾。

4

把調味料放入大碗內拌成醬料，再放入所有食材輕輕拌勻。

＊輕輕拌才不會拌出汁液，吃來更爽脆。

小黃瓜辣椒花蛤拌飯 延伸

⏱ **20 ～ 30 分鐘**
🍽 **2 ～ 3 人份**
🗄 **冷藏 3 天**

- 小黃瓜辣椒 [1] 5 條
  （或角椒、糯米椒 10 條，
  150g）
- 生花蛤肉 1 包
  （或其他貝肉，200g）
- 洋蔥 ¼ 顆（50g）

調味料
- 韓式味噌醬 1 大匙
  （按鹹度增減）
- 芝麻油 1 大匙（或紫蘇油）
- 白芝麻粒 1 小匙
- 蒜末 ½ 小匙
- 果寡糖 1 小匙
- 韓式辣椒醬 1 小匙

延伸做法
- 可搭配白飯淋上一些芝
  麻油，做成小黃瓜辣椒
  花蛤拌飯。

小黃瓜辣椒拌花蛤

1
花蛤肉以清水洗淨後瀝
乾。起一鍋汆燙花蛤的滾
水（3 杯水＋1 小匙鹽）
備用。

2
小黃瓜辣椒切成 1cm 寬
的辣椒圈，洋蔥切成一口
大小，用冷開水泡 10 分
鐘去辛辣，再撈出瀝乾。

3
把花蛤肉、1 大匙清酒加
入步驟①的滾水中，再次
煮滾後汆燙 30 秒～ 1 分
鐘，撈出瀝乾。

4
將調味料放入大碗內拌成
醬料，再放入辣椒圈、熟
花蛤肉、洋蔥輕輕拌勻。

---

1. 小黃瓜辣椒（오이고추），長得像辣椒但吃來微甜不辣且水分多。在台灣可以用去籽的角椒、青椒或糯米椒替代。

蔬菜 × 肉類
8 道

芝麻葉炒香雞
雞腿肉以醬油風醬汁炒透，搭配香氣濃郁的韓國芝麻葉。

⋯→ P45

辣炒蘆筍豬梅花
炒得香氣逼人的清脆蘆筍與軟嫩的豬梅花肉，令人食指大動。

⋯→ P45

黑蠔菇炒雞柳
質地細膩的黑蠔菇搭配鮮嫩雞柳，是道人人都愛的快炒小菜。

⋯→ P48

香炒菠菜豬
菠菜炒豬肉的美妙滋味，一定得嚐嚐！

⋯→ P49

醬燒櫛瓜雞
櫛瓜與雞肉用鹹香帶辣的醬汁燒煮，成為可口的下飯小菜。

⋯→ P50

紫茄肉末
豬絞肉與茄子炒得焦香入味，調味也恰到好處。

⋯→ P51

青江菜炒煙燻鴨肉
大火快炒的青江菜與煙燻鴨肉，是充滿中式特色的料理。

⋯→ P52

青花菜炒肋眼牛
爽脆的青花菜搭配肋眼牛肉的油脂香，讓人一口接一口。

⋯→ P53

辣炒蘆筍豬梅花…▶ P47

芝麻葉炒香雞…▶ P46

芝麻葉炒香雞

- 🕐 30 ～ 40 分鐘
- 🍽 3 人份
- 🧊 冷藏 3 天

- 去骨雞腿肉 3 片
  （或雞胸肉，300g）
- 大蔥 30cm
- 韓國芝麻葉 20 片
- 食用油 1 大匙＋1 大匙
- 砂糖 1 小匙

醃料
- 蒜末 ½ 大匙
- 清酒 1 大匙
  （或韓國燒酒）
- 鹽 ⅓ 小匙
- 黑胡椒粉少許

調味料
- 砂糖 1 大匙
- 蒜末 1 大匙
- 水 2 大匙
- 釀造醬油 1½ 大匙
- 料理酒 1 大匙

延伸做法
- 可以在步驟⑥加入 2 條切碎的青陽辣椒，與醬汁一起拌炒。

1 將雞腿肉切成易入口大小，與醃料放入大碗內拌勻醃 10 分鐘。

2 將韓國芝麻葉捲起來切成 0.5cm 寬的細絲，大蔥切成 2cm 的長段。

3 把調味料放入小碗內拌成醬汁。

4 在熱好的深平底鍋中加 1 大匙食用油，放入蔥段與 1 小匙砂糖，以中小火煎 5 分鐘盛出備用。

5 把鍋子擦乾淨，重新熱好鍋後加入 1 大匙食用油，放入醃好的雞腿肉以中火拌炒 2 分 30 秒。

6 加醬汁轉大火炒 3 分 30 秒，放入步驟④的蔥段炒 1 分鐘，關火盛盤放上韓國芝麻葉。

辣炒蘆筍豬梅花

⏱ **25 ～ 30 分鐘**
🍽 **2 ～ 3 人份**
🧊 **冷藏 1 天**

- 豬梅花燒烤肉片 300g
  （厚度 0.5cm）
- 蘆筍 10 根（100g）
- 食用油 1 大匙

調味料
- 韓國辣椒粉 1 大匙
- 料理酒 2 大匙
- 砂糖 1½ 大匙
- 韓式味噌醬 1 大匙
  （按鹹度增減）

- 蒜末 1 小匙
- 薑末 ½ 小匙（可省略）
- 釀造醬油 2 小匙
- 芝麻油 1 小匙

延伸做法
- 可用等量（100g）的四季豆或蒜苔替代蘆筍。

1
將蘆筍較粗的外皮纖維削乾淨。

2
蘆筍斜切成 3 等分。
＊較粗的部分可縱切對半。

3
豬肉切成一口大小。將調味料放入大碗內拌勻，先取出一大匙放入一小碗，將豬肉放進剩下的醬料中拌勻。

4
把蘆筍與剛才取出的一大匙醬料拌勻，醃 10 分鐘。

5
在大火熱好的鍋中加入食用油，放入豬肉後轉中小火拌炒 4 ～ 5 分鐘至豬肉全熟。
＊請視肉片厚度調整炒熟的時間。

6
把炒好的豬肉推至鍋邊，放入蘆筍炒 1 分鐘，再將豬肉與蘆筍一起拌炒。

🕐 **20 ～ 30 分鐘**
△ **2 ～ 3 人份**
▣ **冷藏 3 ～ 4 天**

- 雞里肌肉 4 塊
  （或雞胸肉 1 塊，100g）
- 黑蠔菇 1 包
  （或其他菇類，150g）
- 大蔥 10cm
- 食用油 1 大匙
- 白芝麻粒 1 大匙
- 芝麻油 1 大匙
- 蒜末 1 小匙

調味料
- 釀造醬油 1 大匙
- 砂糖 1 小匙
- 清酒 2 小匙（或韓國燒酒）
- 黑胡椒粉少許

延伸做法

- 可以在步驟③加入 1 條
  切碎的青陽辣椒，與雞
  肉一起拌炒。

黑蠔菇炒雞柳

1
大蔥先切成 5cm 長段，
再縱切對半成片，黑蠔菇
剝成小條，雞里肌肉切成
易入口的長條。

2
把調味料放入小碗內拌成
醬汁後，取出 1 大匙醬汁
放入大碗內與雞里肌肉拌
醃 10 分鐘。

3
在熱鍋中加入食用油，
小火爆香蔥片、蒜末
1 分鐘，放入雞里肌肉轉
中火炒 2 分鐘。

4
加入黑蠔菇、剩餘的醬汁
拌炒 3 分鐘，放入白芝麻
粒、芝麻油拌勻後關火。

⏱ 20 ～ 30 分鐘

△ 2 ～ 3 人份

◙ 冷藏 1 天

- 豬梅花燒烤肉片 200g
- 菠菜 3 把（或高麗菜、青江菜、娃娃菜，150g）
- 大蔥 15cm（斜切成片）
- 紫蘇籽粉 2 大匙
- 食用油 1 大匙

調味料
- 蒜末 1 大匙
- 料理酒 1 大匙
- 釀造醬油 1 大匙
- 果寡糖 1½ 小匙（按口味增減）

延伸做法
- 可用等量（200g）的豬肉絲替代豬肉片。

香炒菠菜豬

1

將菠菜切成 2 ～ 3 等分，豬肉片用廚房紙巾吸除血水，切成易入口大小。

＊菠菜挑揀參考 P19。

2

把調味料放入小碗拌成醬汁後，取出 2 大匙放入一大碗內與豬肉片拌勻，醃10 分鐘。

3

在熱好的深平底鍋中加入食用油，以中火爆香蔥片30 秒，放入豬肉片炒 3分 30 秒至全熟。

＊請視肉片厚度調整炒熟的時間。

4

加入菠菜、剩餘醬汁轉中小火拌炒 1 分 30 秒 ～ 2分鐘，再放入紫蘇籽粉炒1 分鐘後關火。

⏱ **20 ～ 30 分鐘**
🍽 **2 ～ 3 人份** 📦 冷藏 3 天

- 櫛瓜 ½ 條（135g）
- 雞里肌肉 4 塊
  （或雞胸肉 1 塊，100g）
- 大蔥 10cm
- 青陽辣椒 1 條（可省略）

調味料
- 韓國辣椒粉 1 大匙
- 蒜末 ½ 大匙
- 砂糖 ½ 大匙
- 韓國蝦醬 1 小匙
- 釀造醬油 1 小匙
- 水 ¾ 杯（150㎖）

醃料
- 鹽 ⅓ 小匙
- 清酒 2 小匙（或韓國燒酒）

延伸做法
- 可用馬鈴薯（1 個，200g）
  替代櫛瓜，將水量增加至
  1 ½ 杯（300㎖），並把步驟
  ③的時間拉長至 10 分鐘。

醬燒櫛瓜雞

1 調味料在小碗中拌成醬汁。雞里肌肉切成易入口大小後，放入大碗與醃料拌勻。

2 櫛瓜先縱切成 4 等分，再斜切成三角塊狀，大蔥、青陽辣椒斜切成片。

3 把櫛瓜、醬汁放入鍋中以大火煮滾，轉中火蓋上鍋蓋煮 6 分鐘，不時翻動食材以防燒焦。
＊可根據口感，將燒煮時間調整成 4 ～ 6 分鐘。

4 打開鍋蓋加入雞里肌肉，以中火煮 2 分鐘，放入蔥片、辣椒片輕輕攪煮 1 分鐘。
＊輕輕攪就好，太用力會將櫛瓜攪爛。

延伸 紫茄肉末蓋飯

🕐 15 ～ 20 分鐘
△ 2 ～ 3 人份
🔲 冷藏 3 天

- 茄子 2 條（300g）
- 豬絞肉 100g
- 食用油 2 大匙

調味料
- 砂糖 2 大匙
- 水 4 大匙
- 料理酒 1 大匙
- 釀造醬油 1 大匙
- 蠔油 2 大匙
- 芝麻油 1 大匙
- 蒜末 1 小匙
- 紅辣椒 1 條（切圈，可省略）

醃料
- 鹽 ⅓ 小匙
- 料理酒 1 小匙
- 黑胡椒粉少許

延伸做法
- 可搭配白飯淋上一些芝麻油，做成紫茄肉末蓋飯。

紫茄肉末

1
茄子先縱切對半，再切成 1cm 厚的片狀。

2
調味料放入小碗內拌成醬汁，豬絞肉放入大碗中與醃料拌勻。

3
在熱鍋中加入食用油，放入豬絞肉以中火拌炒 3 ～ 4 分鐘，別讓豬絞肉結成塊，要仔細拌炒至全熟。

4
放入茄片、醬汁繼續拌炒 3 ～ 4 分鐘。

🕐 15 ～ 20 分鐘
△ 2 ～ 3 人份
▣ 冷藏 2 天

- 煙燻鴨肉 150g
- 青江菜 3 棵
  （或菠菜，150g）
- 大蔥 20cm
- 蒜頭 3 粒（15g）
- 食用油 1 大匙

調味料
- 芝麻油 ½ 大匙
- 蒜末 2 小匙
- 清酒 1 小匙
- 釀造醬油 1 小匙
- 黑胡椒粉少許

延伸做法
- 可在步驟④加入 2 條切
  碎的青陽辣椒拌炒。

青江菜炒煙燻鴨肉

1

調味料放入小碗內拌成醬
汁。

2

青江菜剝成 4 ～ 6 片，大
蔥切成 5cm 長段，再縱
切成片，蒜頭切對半，鴨
肉切成易入口大小。

＊較大片的青江菜葉，可縱
切成 2 ～ 3 等分。

3

在熱鍋中加入食用油，以
大火炒香蒜頭、蔥片、鴨
肉。

4

加入青江菜、醬汁，繼續
以大火快炒 1 分鐘。

⏱ 20 ～ 30 分鐘
△ 2 ～ 3 人份
▣ 冷藏 1 天

• 肋眼牛肉 150g
  （厚度 1cm，或豬梅花肉）
• 青花菜 ½ 個（100g）
• 洋蔥 ¼ 顆（或青椒，50g）
• 食用油 1 大匙
• 鹽少許
• 研磨黑胡椒粉少許

調味料
• 蠔油 1 ½ 大匙
• 清酒 1 大匙（或韓國燒酒）
• 砂糖 1 小匙
• 馬鈴薯太白粉 1 小匙
• 蒜末 1 小匙

延伸做法

• 可用彩椒（⅔ 個，150g）
  替代青花菜。
• 可在最後加入 1 條切碎的
  青陽辣椒拌炒。

青花菜炒肋眼牛

1

牛肉用廚房紙巾吸除血水
後，切成一口大小。

2

青花菜、洋蔥切成易入口
大小。調味料放入小碗內
拌成醬汁。

＊可將青花菜梗去皮切成薄
片加入。

3

在熱好的鍋中加食用油，
放入牛肉大火拌炒 1 分
鐘，加入青花菜、洋蔥轉
中火炒 2 ～ 3 分鐘。

4

倒入醬汁轉大火炒 1 分
鐘，關火加研磨黑胡椒粉
拌勻，依口味加鹽調味。

雜菜組合技
6 道

雞肉彩椒冬粉雜菜
用營養豐富的雞肉與彩椒做成雜菜,非常適合小孩子吃。

⋯→ P55

魷魚冬粉湯雜菜
魷魚、冬粉、魚板淋上鮮美濃稠的香辣湯汁,一口吃下超級滿足。

⋯→ P55

綠豆芽百菇雜菜
結合綠豆芽、菇類、菠菜、紅蘿蔔等多種食材,做成爽脆的美味雜菜。

⋯→ P58

全州黃豆芽雜菜
吃得到黃豆芽、水芹、小黃瓜、水梨等豐富食材,還有黃芥末醬的刺激辛辣。

⋯→ P59

涼拌海鮮雜菜
將魷魚、蝦仁、小黃瓜、彩椒、白蘿蔔等食材拌勻,做成酸甜微辣的開胃雜菜。

⋯→ P60

牛蒡豬肉雜菜
牛蒡絲加上豬肉、青椒、冬粉所做成的雜菜,好吃到讓人停不下來。

⋯→ P61

雞肉彩椒冬粉雜菜 ⋯▶ P56

魷魚冬粉湯雜菜 ⋯▶ P57

雞肉彩椒冬粉雜菜

- 🕐 **20 ～ 25 分鐘**
- 🍴 **2 ～ 3 人份**
- 🗃 **冷藏 3 天**

- 韓式冬粉 ½ 把
  （泡發前，50g）
- 雞胸肉 1 塊
  （或雞里肌肉 4 塊，
  100g）
- 彩椒 ½ 個（100g）
- 洋蔥 ¼ 顆（50g）
- 蒜末 1 小匙
- 食用油 1 大匙
- 黑胡椒粉少許

調味料
- 白芝麻粒 1 大匙
- 釀造醬油 1 大匙
- 芝麻油 1 大匙
- 砂糖 ½ 小匙
- 鹽少許

醃料
- 砂糖 ½ 小匙
- 鹽 ¼ 小匙
- 料理酒 ½ 小匙

延伸做法
- 可搭配白飯淋上一些芝麻油，做成雞肉彩椒冬粉蓋飯。

1
調味料放入小碗內拌成醬汁。起一鍋煮冬粉的滾水（3 杯水）備用。

2
雞胸肉先切成 0.5cm 厚片，再切成 0.5cm 寬的肉絲，放入大碗內與醃料拌勻醃 10 分鐘。

3
彩椒、洋蔥切成 0.5cm 寬的細絲。

4
把冬粉放入步驟①的滾水中，以中火煮 6 分鐘至冬粉變透明。

5
撈出冬粉瀝乾。

6
把冬粉、1 ½ 大匙步驟①的醬汁，一起放入大碗內拌勻。

7
在熱鍋中加入食用油，以中小火爆香蒜末 30 秒，放入雞肉炒 2 分鐘。

8
加入彩椒、洋蔥轉大火炒 1 分鐘，再加步驟⑥的冬粉、剩餘醬汁炒 1 分鐘，關火加入黑胡椒粉拌勻。

魷魚冬粉湯雜菜

⏱ **20～25分鐘**
△ **2～3人份**
▣ 冷藏 1 天

- 魷魚 1 尾（270g，處理後 180g）
- 韓式冬粉 ½ 把（泡發前，50g）
- 四角魚板 1 片（50g）
- 洋蔥 ½ 顆（或高麗菜 3 片，100g）
- 紅蘿蔔 ⅕ 條（40g）
- 韭菜 ½ 把（或韓國芝麻葉 10 片，25g）
- 食用油 1 大匙
- 水 2 杯（400㎖）
- 昆布 5×5cm 2 片
- 黑胡椒粉 ⅓ 小匙

調味料
- 韓國辣椒粉 2 大匙
- 砂糖 1½ 大匙
- 蒜末 ½ 大匙
- 釀造醬油 1 大匙
- 韓式辣椒醬 2 大匙

延伸做法
- 可用等量（180g，9 隻）的冷凍大蝦仁替代魷魚。

1
冬粉用冷水浸泡 30 分鐘泡軟。調味料放入小碗內拌成醬料。

2
魚板先從長邊對切成 2 等分，再切成 1cm 寬的粗條，洋蔥、紅蘿蔔切成 0.5cm 寬細絲，韭菜切成 4cm 長段。

3
魷魚處理乾淨後，先將身體縱切對半，再切成 0.5cm 寬的細條，腳切成 5cm 的長段。
＊剪開魷魚處理參考 P13。

4
在熱好的深平底鍋中加入食用油，放入魚板、洋蔥、紅蘿蔔以中火炒 1 分鐘，再加魷魚、醬料拌炒 1 分鐘。

5
放入 2 杯水（400㎖）、昆布，以中火再次煮滾後，計時煮 1 分鐘，加入冬粉攪煮 2 分 30 秒。

6
關火取出昆布，放入韭菜、黑胡椒粉。

🕐 **15 ～ 20 分鐘**
△ **2 ～ 3 人份**
🔲 **冷藏 5 天**

- 綠豆芽 4 把（200g）
- 綜合菇 4 把（200g）
- 菠菜 1 把（50g）
- 紅蘿蔔 ⅙ 條（30g）
- 食用油 ½ 大匙
- 鹽少許

調味料
- 砂糖 ½ 大匙
- 釀造醬油 1 大匙
- 芝麻油 ½ 大匙
- 白芝麻粒少許

延伸做法

- 可在步驟③加入 ½ 大匙
的韓國辣椒粉，與綜合
菇、紅蘿蔔拌炒。

綠豆芽百菇雜菜

| 1 | 2 | 3 | 4 |

將一鍋鹽水（5 杯水 ＋1 大匙鹽）煮滾後，放入綠豆芽以大火汆燙 1 分 30 秒～ 2 分鐘，撈出瀝乾，放涼備用。

菠菜切成 3 等分，綜合菇切成細絲或剝成小條，紅蘿蔔切成 0.5cm 寬的絲。
＊菠菜挑揀參考 P19。

在熱鍋中加入食用油，以中火拌炒綜合菇、紅蘿蔔 2 分鐘，放入菠菜炒 1 分鐘後關火。

把調味料放入大碗內拌成醬料，加入炒好的步驟③輕輕拌匀。

🕐 30 ～ 35 分鐘
△ 2 ～ 3 人份
🔲 冷藏 7 天

- 黃豆芽 6 把（300g）
- 水芹 1 把（50g）
- 紅蘿蔔 ¼ 條（50g）
- 小黃瓜 ½ 條（100g）
- 水梨 ½ 顆（150g）

調味料
- 砂糖 1 大匙
  （按口味增減）
- 白芝麻粒 1 大匙
- 釀造醬油 1 大匙
- 韓國辣椒粉 1 小匙
- 白醋 1 大匙
- 韓國黃芥末醬 1 小匙
  （按口味增減）
- 鹽 ½ 小匙

延伸做法
- 可用等量（150g）的蘋
  果或彩椒替代水梨。

全州黃豆芽雜菜

1
把黃豆芽頭尾摘除。將一鍋清水（1½ 杯）煮滾，放入黃豆芽以大火煮至水蒸氣冒出後，再煮 6 分鐘撈出瀝乾，放涼備用。

＊煮黃豆芽請全程蓋上鍋蓋，才不會有腥味。

2
水芹切成 5cm 長段，放入滾鹽水（3 杯水＋1 小匙鹽）汆燙 1 分鐘撈出，以冷開水沖洗後擠乾。

3
紅蘿蔔、小黃瓜、水梨切成細絲。

4
調味料放入大碗內拌成醬料，再加入所有食材輕輕拌勻。

＊黃芥末先跟砂糖拌勻，再加其他調味料，會比較容易拌開。

- ⏱ 20 ～ 30 分鐘
- 🍽 2 ～ 3 人份
- ▣ 冷藏 3 天

- 魷魚 1 尾（270g）
- 冷凍蝦仁 10 隻（100g）
- 小黃瓜 1 條（200g）
- 白蘿蔔片直徑 10cm，厚度 1cm（100g）
- 彩椒 ½ 個（100g）

調味料
- 砂糖 2 大匙
- 韓國魚露 1⅓ 大匙 （玉筋魚或鯷魚，按口味 增減）
- 白醋 2 大匙
- 辣椒 1 條（切圈，或青陽 辣椒、紅辣椒等）

延伸做法

- 可將 1 包（50g）越南 米線，按包裝標示煮熟 後搭配享用。

涼拌海鮮雜菜

1
魷魚處理乾淨後，身體切成 0.5cm 寬的魷魚圈，腳切成 4cm 長段。蝦仁泡在冷水中解凍。

＊不剪開魷魚處理參考 P13。

2
把魷魚、蝦仁放入滾水（5 杯水）中，以大火汆燙 2 ～ 2 分 30 秒後撈出，以冷開水沖洗瀝乾。

3
小黃瓜、彩椒、白蘿蔔片切成細絲。

＊小黃瓜去籽後再切。

4
調味料放入大碗內拌成醬料，放入所有食材輕輕拌勻。

＊拌好稍微靜置更入味。

延伸 牛蒡豬肉蓋飯

⏱ 15～20 分鐘
　（＋泡發 30 分鐘）
△ 2～3 人份
◙ 冷藏 2 天

• 牛蒡直徑 2cm、長度 20cm
　4 條（200g）
• 韓式冬粉 1 把（泡發前，50g）
• 大蔥 10cm
• 豬肉絲 100g
• 洋蔥 ½ 顆（100g）
• 青椒 ½ 個（50g）
• 蒜末 1 小匙
• 食用油 2 大匙
• 芝麻油 1 大匙
• 白芝麻粒 1 小匙

調味料
• 釀造醬油 3 大匙
• 砂糖 1 大匙
• 水 5 大匙
• 玉米糖漿 1 ½ 大匙

延伸做法
• 可搭配白飯淋上一些芝麻
　油，做成牛蒡豬肉蓋飯。

牛蒡豬肉雜菜

1
冬粉用冷水浸 30 分鐘泡軟。洋蔥、青椒切成細絲，大蔥先切成 5cm 長段，再切成細絲。調味料放入小碗內拌成醬汁。

2
牛蒡去皮切成 6cm 長段，再切成細絲，之後浸泡在醋水（4 杯水＋1 大匙白醋）中。

＊牛蒡浸泡醋水去除澀味與防止氧化。

3
在熱鍋中加入食用油，以小火爆香蔥絲、蒜末 1 分鐘，加入牛蒡、洋蔥轉中火拌炒 1 分鐘，再放入豬肉絲炒 2 分鐘。

4
加入冬粉、醬汁轉大火炒 3 分 30 秒～4 分鐘，至醬汁幾乎收乾，再放入青椒炒 1 分鐘，關火加芝麻油、白芝麻粒拌勻。

魚板組合技 4 道

黃豆芽辣燉魚板

以香辣醬料燉煮黃豆芽及魚板，是用簡易食材呈現的美味。

⋯→ P63

韓式泡菜燉魚板

魚板夾入層層的泡菜後燉煮，是兼具美味與口感的家常燉菜。

⋯→ P63

香炒櫛瓜魚板

將櫛瓜與魚板一同拌炒，做成老少咸宜的美味小菜。

⋯→ P66

醬燒蒜頭魚板

用魚板與蒜頭燒煮，吃來甜中帶辣又超級下飯。

⋯→ P67

馬鈴薯組合技 4 道

香辣馬鈴薯燉牛肉

鬆軟的薯塊、嫩口的牛肉，搭配香辣的湯汁，一吃就愛上。

⋯→ P68

煙燻鴨肉炒馬鈴薯

以煙燻鴨肉與馬鈴薯組成的美味熱炒。

⋯→ P69

醬燒香菇馬鈴薯

用大塊馬鈴薯與鮮嫩的香菇，搭配鹹香濃郁的醬汁煮成。

⋯→ P70

明太子拌馬鈴薯

煮至鬆軟的馬鈴薯拌明太子，不用過多調味就非常美味。

⋯→ P71

雞蛋組合技 4 道

嫩豆腐燉蛋

以柔嫩的豆腐與香噴噴的雞蛋做成，是蛋白質補充聖品。

⋯→ P72

蟹肉蔬菜煎蛋卷

以鮮甜的蟹肉入菜，色彩繽紛又兼具營養美味。

⋯→ P73

茴芹麻藥溏心蛋

把半熟水煮蛋浸泡在茴芹醃汁中，吃來香氣撲鼻又入味。

⋯→ P74

香菇炒嫩蛋

鮮美多汁的香菇加上柔嫩炒蛋，滋味絕妙令人欣喜。

⋯→ P75

韓式泡菜燉魚板⋯▶ P65

黃豆芽辣燉魚板⋯▶ P64

黃豆芽辣燉魚板

🕐 **20 ～ 25 分鐘**
△ **2 ～ 3 人份**
🔲 **冷藏 3 天**

- 四角魚板 2 片（100g）
- 黃豆芽 4 把（200g）
- 大蔥 15cm
- 水 ½ 杯（100㎖）
- 白芝麻粒 1 小匙
- 芝麻油 1 小匙

調味料
- 韓國辣椒粉 1 ½ 大匙
- 蒜末 1 大匙
- 料理酒 1 大匙
- 釀造醬油 1 大匙
- 砂糖 1 小匙
- 馬鈴薯太白粉 1 ½ 小匙
- 黑胡椒粉少許

延伸做法
- 搭配蘸醬美味加倍：將 1 大匙冷開水、1 大匙釀造醬油、½ 小匙砂糖、1 小匙山葵醬攪拌均勻即可。

1 調味料放入小碗內拌成醬料。黃豆芽以清水洗淨後瀝乾。

2 魚板切成易入口大小，大蔥斜切成片。

3 把黃豆芽、魚板、醬料、½ 杯水（100㎖）一起放入鍋中。

4 蓋上鍋蓋，以大火煮 30 秒至水蒸氣冒出後，轉小火煮 4 分鐘。

5 加入蔥片拌炒 1 分鐘，關火加白芝麻粒、芝麻油攪拌均勻。

韓式泡菜燉魚板

⏱ **40～45 分鐘**
🍽 **2～3 人份**
❄ **冷藏 3 天**

- 四角魚板 4 片（200g）
- 熟成白菜泡菜 ¼ 顆（300g）
- 大蔥 20cm
- 洋蔥 ½ 顆（100g）
- 青陽辣椒 1 條
- 泡菜汁 ½ 杯（100㎖）
- 水 1½ 杯（300㎖）

調味料
- 韓國辣椒粉 1 大匙
- 蒜末 1 大匙
- 食用油 3 大匙
- 紫蘇油 1 大匙（或芝麻油）
- 砂糖 1 小匙
- 韓國魚露 1 小匙（玉筋魚或鯷魚）

延伸做法
- 可用等量（200g）的豬五花肉片替代魚板。
- 若買不到整顆泡菜，可在步驟④將市售泡菜與其他食材拌勻燉煮。

1
調味料放入小碗內拌成醬汁。大蔥先切成 5cm 長段，再切成細絲。

2
洋蔥切成 0.5cm 寬的細絲，青陽辣椒斜切成片。

3
魚板從長邊切成 4 等分。

4
將泡菜直接放入鍋中，把魚板、洋蔥絲一層一層夾入泡菜葉之間。

5
加水、泡菜汁、一半蔥絲、醬汁，蓋上鍋蓋以大火煮滾後，轉小火燉煮 30 分鐘。

＊不時晃動鍋子以防燒焦。

6
加入剩下的蔥絲、青陽辣椒再煮 1 分鐘。

🕐 **15 ～ 25 分鐘**
🔺 **2 ～ 3 人份**
▣ **冷藏 2 ～ 3 天**

- 櫛瓜 1 條（270g）
- 四角魚板 2 片
  （或其他魚板，100g）
- 食用油 1 大匙
- 鹽少許

調味料
- 韓國辣椒粉 1 大匙
- 蒜末 ½ 大匙
- 釀造醬油 1½ 大匙
- 水 1 大匙
- 砂糖 2 小匙
- 芝麻油 1 小匙

延伸做法
- 可不加辣椒粉，做成孩子也能吃的不辣口味。

香炒櫛瓜魚板

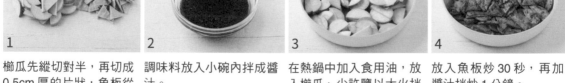

1
櫛瓜先縱切對半，再切成 0.5cm 厚的片狀，魚板從長邊切成 3 等分，再切成三角形。

2
調味料放入小碗內拌成醬汁。

3
在熱鍋中加入食用油，放入櫛瓜、少許鹽以大火拌炒 2 ～ 2 分 30 秒。

＊櫛瓜用大火快炒，才不會出水太多變軟爛。

4
放入魚板炒 30 秒，再加醬汁拌炒 1 分鐘。

⏲ **30 ～ 40 分鐘**
△ **2 ～ 3 人份**
冷藏 **7** 天

- 圓形魚板 200g
- 蒜頭 20 粒（100g）
- 青陽辣椒 1 條（斜切成片，可省略）
- 食用油 1 大匙
- 果寡糖 1 大匙（按口味增減）

調味料

- 韓國辣椒粉 2 ½ 大匙
- 砂糖 2 大匙
- 釀造醬油 1 大匙
- 韓式辣椒醬 1 大匙
- 水 ½ 杯（100mℓ）

延伸做法

- 可用等量（200g）的其他魚板或水煮鵪鶉蛋，替代圓形魚板。

醬燒蒜頭魚板

1

蒜頭剝乾淨後把蒂頭切除。調味料放入小碗內拌成醬汁。

2

在熱好的深平底鍋中加入食用油，以中火炒香蒜頭 2 分鐘。

3

加入魚板、青陽辣椒、醬汁以大火煮滾後，轉小火煮 5 ～ 7 分鐘，直到醬汁幾乎收乾。期間不時翻動食材以防燒焦。

4

關火後加入果寡糖拌勻。

🕐 **25 ～ 30 分鐘**
🍽 **2 ～ 3 人份** 📦 **冷藏 1 ～ 2 天**

- 馬鈴薯 1½ 個（約 300g）
- 牛梅花燒烤肉片 100g
  （或火鍋肉片）
- 大蔥 10cm
- 食用油 1 大匙
- 昆布 5×5cm 1 片

醃料
- 清酒 1 大匙（或韓國燒酒）
- 釀造醬油 1 小匙
- 黑胡椒粉少許

調味料
- 砂糖 1 大匙
- 韓國辣椒粉 ½ 大匙
- 釀造醬油 ½ 大匙
- 韓式辣椒醬 1½ 大匙
- 水 ¾ 杯（150㎖）

延伸做法
- 可不加辣椒粉與辣椒醬，同時
  醬油及砂糖都增至 1½ 大匙，
  做成孩子也能吃的不辣口味。

香辣馬鈴薯燉牛肉

1
牛肉片用廚房紙巾吸除血
水後，切成 3cm 寬的肉
片，再與醃料拌勻醃 10
分鐘。

2
將馬鈴薯切成四邊 3cm
大小的塊狀，大蔥斜切成
片。

3
在熱鍋中加入食用油，以
中火炒馬鈴薯 1 分鐘，放
入牛肉炒 1 分鐘，再加昆
布與所有調味料，以大火
煮滾後，蓋鍋蓋轉中小火
煮 8 ～ 10 分鐘，將馬鈴
薯煮至可用筷子插入。

4
開蓋取出昆布，加入蔥片
以中火輕輕攪煮 1 分鐘。

＊ 輕輕攪煮就好，太用力會
將馬鈴薯攪爛。

⏱ 20 ～ 25 分鐘
△ 2 ～ 3 人份
⊞ 冷藏 3 天

- 煙燻鴨肉 150g
- 馬鈴薯 1 個（200g）
- 大蔥 15cm
- 食用油 1 大匙
- 玉米糖漿 1 大匙
  （或果寡糖）

調味料
- 蒜末 ½ 大匙
- 釀造醬油 1 大匙
- 黑胡椒粉少許
- 水 ½ 杯（100㎖）

延伸做法

- 可用雞胸肉替代煙燻鴨
  肉：將 1 ½ 塊（150g）
  雞胸肉切成 1cm 厚的肉
  片，加入步驟③與馬鈴
  薯一起拌炒。

煙燻鴨肉炒馬鈴薯

1
馬鈴薯先縱切對半，再切成 1cm 厚的片狀，大蔥切成蔥花。

2
調味料放入小碗內拌成醬汁。

3
在熱鍋中加入食用油，以中小火拌炒馬鈴薯 3 分鐘，倒入醬汁煮至鍋邊開始冒泡後，再計時 5 分鐘煮至馬鈴薯呈 9 分熟。

4
加入煙燻鴨肉、玉米糖漿轉大火炒 1 分 30 秒，起鍋前加入蔥花。
＊玉米糖漿最後加入，料理才有光澤感。

🕐 **20 ～ 25 分鐘**
⌂ **2 ～ 3 人份**
🔲 **冷藏 5 天**

- 馬鈴薯 2 個（400g）
- 新鮮香菇 5 朵
  （或其他菇類，125g）
- 青辣椒 1 條（或青陽辣椒）
- 果寡糖 1 大匙
- 白芝麻粒少許

調味料
- 砂糖 1 大匙
- 釀造醬油 3 大匙
  （按口味增減）
- 蒜末 1 小匙
- 蔥末 1 大匙
- 水 1 杯（200㎖）

延伸做法
- 可在最後加入一大匙韓
  國辣椒粉、1 條青陽辣
  椒，增加層次及香氣。

醬燒香菇馬鈴薯

1
馬鈴薯切成四邊 2cm 的
塊狀，用濾網盛裝，以清
水沖洗後瀝乾。

＊沖洗馬鈴薯可去除表面澱
粉，吃來會比較脆。

2
切掉香菇蒂頭後，以十字
刀法切成小塊，青辣椒斜
切成片。

3
將馬鈴薯、香菇、所有調
味料放入鍋中，蓋上鍋蓋
以中火煮 8 ～ 12 分鐘，
至馬鈴薯可以用筷子插
入，並不時翻動食材以防
燒焦。

4
加入辣椒片、果寡糖、白
芝麻粒輕輕拌勻。

＊輕輕拌勻就好，太用力會
將馬鈴薯攪爛。

⏱ 15 ～ 20 分鐘
👥 2 ～ 3 人份
🗄 冷藏 1 天

- 馬鈴薯 1 個（200g）
- 大蔥 10cm
  （切成蔥花，或珠蔥）
- 明太子 2 ～ 3 條
  （60g，按鹹度增減）
- 芝麻油 1 大匙
- 白芝麻粒 1 小匙
- 黑胡椒粉少許

延伸做法
- 用 2 大匙美乃滋替代芝
  麻油，滋味更香濃。

明太子拌馬鈴薯

1

用水洗去明太子上的醃料後切成小塊。起一鍋汆燙馬鈴薯的滾水（4 杯水＋1 小匙鹽）備用。

2

馬鈴薯先以十字刀法切成 4 等分，再切成 1cm 厚的片狀。

3

將馬鈴薯放入步驟①的滾水汆燙 3 分 30 秒～ 4 分鐘，不要燙過頭，再用濾網撈出瀝乾，放涼備用。

＊馬鈴薯煮過頭會太軟爛，要脆口才好吃。

4

把明太子、馬鈴薯、蔥花、芝麻油、白芝麻粒、黑胡椒粉放入大碗內，輕輕拌勻所有材料。

🕐 15 ～ 20 分鐘
△ 2 ～ 3 人份
🔲 冷藏 1 天

- 雞蛋 4 顆
- 嫩豆腐 1 塊（90g）
- 韓國魚露 1 大匙
  （玉筋魚或鯷魚）
- 食用油 2 大匙
- 黑胡椒粉少許
- 水 ¼ 杯（50mℓ）

延伸做法

- 可將大蔥或珠蔥切碎，
  加入步驟②增添蔥香。

嫩豆腐燉蛋

1

將所有材料放入耐熱玻璃
容器中。

2

用打蛋器將所有材料攪拌
均勻。

3

蓋上蓋子（或保鮮膜），
放入微波爐加熱 7 ～ 9 分
鐘。至筷子插入燉蛋中
心，再拿出上頭沒有沾黏
物時，代表已經煮熟。

⏱ 25 ～ 35 分鐘
△ 2 ～ 3 人份
▣ 冷藏 2 天

- 雞蛋 3 顆
- 洋蔥 ¼ 顆（50g）
- 青椒 ⅓ 個（約 30g）
- 蟹肉棒 3 根（短型，60g）
- 食用油 1 大匙
- 料理酒 2 大匙
- 鹽少許

延伸做法

- 可變身蟹肉蔬菜炒蛋：
  在熱鍋中加入食用油，
  以小火炒香洋蔥、青
  椒 1 分鐘，加入其餘
  材料，用筷子輕輕拌炒
  2 ～ 4 分鐘至熟。

蟹肉蔬菜煎蛋卷

1

將洋蔥、青椒切碎，蟹肉
棒撕成小條。把食用油以
外的所有材料，放入大碗
內拌成混合蛋液。

2

在熱好的鍋（或用蛋捲專
用鍋）中加入食用油，取
出步驟①一半的蛋液均勻
倒入鍋內，用筷子輕輕攪
動，以中火煎 30 秒～ 1
分鐘。

3

將蛋皮往鍋子的一邊捲成
蛋卷，倒入剩下的蛋液在
空出來的鍋面處，維持中
火將蛋液煎 1 ～ 2 分鐘至
半熟狀。

4

把蛋卷連著蛋皮再次捲
起，蛋卷成型後轉小火，
續煎 1 ～ 2 分鐘，偶爾翻
動蛋卷加強定型，待完全
放涼後切片。

🕐 **10 ～ 15 分鐘**
⌂ **2 ～ 3 人份**
▣ **冷藏 7 天**
　　（＋熟成 6 小時）

• 雞蛋 8 顆
• 茼芹 1 把切碎（50g）

醃汁材料
• 洋蔥 ¼ 顆切碎（50g）
• 辣椒 2 條（切碎，或青辣
　椒、紅辣椒、青陽辣椒）
• 砂糖 5 大匙
• 冷開水 ½ 杯（100㎖）
• 釀造醬油 ½ 杯（100㎖）
• 料理酒 ¼ 杯（50㎖）

延伸做法
• 水煮雞蛋時加點鹽巴及
　白醋，讓剝蛋變容易。
• 或用等量（480g）的鵪
　鶉蛋替代雞蛋。

茼芹麻藥溏心蛋

1

在鍋中加入 4 杯水、1 大
匙 鹽、3 大匙 白醋、雞
蛋，以大火煮滾後，轉成
中火煮 8 分鐘，將雞蛋撈
出泡冷水，待冷卻後剝除
蛋殼。

＊想要全熟的蛋黃，可將時
間拉長至 12 分鐘。

2

將醃漬材料，放入有一定
深度的保鮮容器中拌勻。

＊可加白芝麻粒或芝麻油讓
香氣更濃。

3

把剝好的水煮蛋、切碎的
茼芹放入步驟②的容器
裡，蓋蓋子放入冷藏醃漬
熟成 6 小時。期間不時幫
蛋翻面，以便均勻入味。

⏱ 20 ～ 30 分鐘
△ 2 ～ 3 人份
▣ 冷藏 3 天

- 雞蛋 2 顆
- 新鮮香菇 3 朵
  （或其他菇類，75g）
- 韭菜 1 把（或珠蔥，50g）
- 大蔥 15cm
- 食用油 1 大匙＋1 大匙
- 黑胡椒粉少許
- 鹽少許

調味料
- 料理酒 2 小匙
- 釀造醬油 2 小匙

延伸做法
- 可搭配白飯加上一些韓式辣椒醬，做成香菇嫩蛋拌飯。

香菇炒嫩蛋

1

香菇切成 0.5cm 厚的片狀，韭菜切成 4cm 的長段，大蔥切成蔥花。雞蛋打入空碗內攪散，調味料放入小碗內拌成醬汁。

2

在熱好的鍋中加入 1 大匙食用油，均勻倒入蛋液以中小火煎 30 秒後，用筷子攪開蛋液輕輕拌炒 1 ～ 1 分 30 秒後盛出備用。

3

把鍋子擦乾淨，重新熱鍋加入 1 大匙食用油，以中火拌炒香菇 2 分鐘，加入蔥花炒 1 分鐘，關火加醬汁以餘熱拌炒 30 秒。

4

加入韭菜、步驟②的炒蛋，開大火拌炒 30 秒～ 1 分鐘，依口味加黑胡椒粉及鹽調味。

豆腐組合技
8 道

辣炒魷魚豆腐
煎至金黃的豆腐與口
感Q彈的魷魚，與
香辣醬汁一起燒炒。

⋯→ P77

中華風茄香豆腐
帶焦香的豆腐搭配茄
子與辣椒油，是具中
式特色的熱炒菜。

⋯→ P77

韓式麻婆豆腐
將豆腐丁、蔬菜末、
豬絞肉用韓式醬料炒
香，夠味又下飯。

⋯→ P80

韓式泡菜炒豆腐
酸香脆口的泡菜與煸
香的豆腐拌炒，是口
感豐富的開胃菜。

⋯→ P81

香辣彩椒豆腐
厚片豆腐與鮮脆彩
椒，加辣椒粉一起燒
炒，吃來香辣帶勁。

⋯→ P82

辣味百菇燒豆腐
大火炒香綜合菇，搭
配豆腐與微辣醬汁，
煮成醬燒小菜。

⋯→ P83

明太魚乾燒豆腐
明太魚乾與豆腐以醬
油風味的醬汁煨煮，
是鮮美的醬燒小菜。

⋯→ P84

櫛瓜豆腐鍋
以韓式蝦醬湯為基
底，加入手剝豆腐與
大塊櫛瓜一起燉煮。

⋯→ P85

搭配刀切麵
延伸

辣炒魷魚豆腐 ⋯▶ P78

中華風茄香豆腐 ⋯▶ P79

辣炒魷魚豆腐

⏱ **25～30 分鐘**
🍽 **2～3 人份**
🧊 **冷藏 3 天**

- 魷魚 1 尾
  （270g，處理後 180g）
- 板豆腐 1 塊（300g）
- 洋蔥 ¼ 顆（50g）
- 大蔥 20cm
- 青陽辣椒 1 條
- 食用油 1 大匙
- 芝麻油 1 大匙

調味料
- 韓國辣椒粉 1 大匙
- 砂糖 ½ 大匙
- 蒜末 1 大匙
- 料理酒 1 大匙
- 韓式辣椒醬 1 大匙
- 釀造醬油 1½ 小匙
- 水 1 杯（200㎖）

> **延伸做法**
>
> - 可搭配刀切麵享用：將 1 包（150g）刀切麵按包裝標示煮熟，在魷魚豆腐起鍋前加入。

1
將豆腐從長邊分成 2 等分，再切成 1cm 厚片。

2
把豆腐片鋪在廚房紙巾上撒點鹽巴，靜置 10 分鐘，再用紙巾將多餘水分吸乾。

3
洋蔥切成 0.5cm 寬的細絲，大蔥、青陽辣椒斜切成片。調味料放入小碗內拌成醬汁。

4
魷魚處理乾淨後，身體切成 1cm 寬的魷魚圈，腳切成 5cm 長段。
＊不剪開魷魚處理參考 P13。

5
在熱好的深平底鍋中加入食用油、豆腐片，以中火兩面各煎 3 分鐘至金黃。

6
加入醬汁以中小火燒煮 5 分鐘，放入魷魚、洋蔥絲、蔥片、辣椒片煮 3 分鐘，期間把醬汁反覆澆淋在豆腐上，關火後加入芝麻油拌勻。

中華風茄香豆腐

⏱ **25 ～ 30 分鐘**
🍽 **2 ～ 3 人份**
🧊 **冷藏 3 天**

- 板豆腐 1 塊（300g）
- 茄子 1 條（150g）
- 大蔥 20cm
- 青、紅辣椒各 1 條
- 蒜末 ½ 大匙
- 辣椒油 1 大匙＋1 大匙
- 紫蘇油 1 大匙
- 研磨黑胡椒粉少許

調味料
- 砂糖 ½ 大匙
- 韓國辣椒粉 ½ 大匙
- 水 4 大匙
- 韓式湯用醬油 1 大匙
- 白醋 ½ 大匙

延伸做法

- 可以不放辣椒粉與辣椒，同時以食用油替代辣椒油，做成孩子也能吃的不辣口味。

1 豆腐切成手指大小，鋪在廚房紙巾上撒點鹽巴，靜置 10 分鐘後，用紙巾吸乾水分。

2 大蔥先切成 5cm 長段，再切成細絲，辣椒切成辣椒圈。調味料放入小碗內拌成醬汁。

3 茄子先切成 5cm 長段，再用十字刀法切成 4 等分。

4 在熱好的鍋中加入 1 大匙辣椒油、紫蘇油，以中小火煸炒豆腐 7 ～ 8 分鐘至金黃後盛出備用。

5 在鍋中重新加入 1 大匙辣椒油，以中小火爆香蔥絲、蒜末 1 分鐘。

6 加入茄子炒 2 分鐘後，再加辣椒、步驟④的豆腐拌炒 1 分鐘。

7 加醬汁轉大火拌炒 1 ～ 1 分 30 秒，待醬汁幾乎收乾後，關火撒上黑胡椒粉拌勻。

🕐 15 ～ 20 分鐘
△ 2 ～ 3 人份　🈁 冷藏 2 天

- 板豆腐 1 塊（300g）
- 洋蔥 ½ 顆（100g）
- 青椒 1 個（或彩椒，200g）
- 大蔥 10cm（切成蔥花）
- 豬絞肉 100g
- 辣椒油 2 大匙（或食用油）
- 芝麻油 1 小匙

調味料
- 砂糖 1 大匙
- 韓國辣椒粉 1 大匙
- 韓式辣椒醬 1 大匙
- 蠔油 2 大匙
- 水 ½ 杯（100㎖）
- 馬鈴薯太白粉 2 小匙

延伸做法

- 可用嫩豆腐替代板豆腐，口感會更滑順，汆燙步驟也可省略。
- 或可搭配白飯，做成韓式麻婆豆腐蓋飯。

韓式麻婆豆腐

1　洋蔥、青椒切碎。調味料放入小碗內拌成醬汁。起一鍋汆燙豆腐的滾水（3 杯水）備用。

2　豆腐切成一口大小，放入步驟①的滾水汆燙 3 分鐘後，撈出瀝乾。

3　在熱好的鍋中加入辣椒油，以小火爆香蔥花 1 分鐘，放入豬絞肉轉中火炒1 ～ 2 分鐘，再加洋蔥、青椒炒 1 分鐘。

4　加豆腐、醬汁拌炒 2 分鐘，關火加入芝麻油。

韓式泡菜豆腐拌飯 延伸

⏱ 20 ～ 25 分鐘
🍽 2 ～ 3 人份
📦 冷藏 5 天

• 板豆腐 1 塊（300g）
• 熟成白菜泡菜 1 杯（150g）
• 大蔥 20cm
• 砂糖 1 小匙
• 食用油 1 大匙＋1 大匙
• 紫蘇油 1 大匙
• 白芝麻粒少許

延伸做法

• 若家中只有未熟成泡菜，可在步驟③加入 ½ 大匙白醋補足酸味；或用的是老泡菜，則要先洗過清水以免過酸。

• 可搭配白飯淋上一些芝麻油，做成韓式泡菜豆腐拌飯。

韓式泡菜炒豆腐

1
豆腐切成手指大小，鋪在廚房紙巾上撒點鹽巴，靜置 10 分鐘用紙巾吸乾多餘水分。大蔥切成 5cm 長段，再切成細絲，泡菜切成 1cm 寬的片狀。

2
在熱好的鍋中加入 1 大匙食用油、紫蘇油，以中火煸炒豆腐 5 分鐘至金黃後盛出備用。

3
鍋中重新加入 1 大匙食用油，以小火爆香蔥絲 1 分鐘後，放入泡菜炒 5 分鐘，再加砂糖炒 1 分鐘。

4
加入步驟②的豆腐炒 1 分鐘，關火撒白芝麻粒。

⏱ **20 ～ 25 分鐘**

△ **2 ～ 3 人份**　🗎 **冷藏 2 天**

- 板豆腐 1 塊（300g）
- 彩椒 1 個（或青椒，200g）
- 大蔥 10cm
- 食用油 1 大匙
- 鹽少許

調味料
- 韓國辣椒粉 ½ 大匙
- 蒜末 ½ 大匙
- 水 2 大匙
- 釀造醬油 ½ 大匙
- 果寡糖 1 大匙
- 韓式辣椒醬 1 大匙
- 砂糖 ½ 小匙
- 芝麻油 1 小匙

延伸做法

- 可不放辣椒粉與辣椒醬，同時把醬油增至 1 大匙，做成孩子也能吃的不辣口味。

香辣彩椒豆腐

1
豆腐從長邊分成 3 等分，再切成 1cm 厚的片狀，鋪在廚房紙巾上撒點鹽巴，靜置 5 分鐘後，用紙巾將多餘水分吸乾。

2
調味料放入小碗內拌成醬汁。彩椒切成一口大小，大蔥切成蔥花。

3
在熱鍋中加入食用油，以中火將豆腐兩面各煎 2 分 30 秒～ 3 分鐘至金黃。

4
加入彩椒、大蔥、醬汁，以中小火拌炒 1 分 30 秒，依喜好加鹽調味。

⏱ 20 ～ 25 分鐘
⌂ 2 ～ 3 人份
◎ 冷藏 5 天

- 板豆腐 ½ 塊（150g）
- 綜合菇 200g
- 大蔥 15cm
- 食用油 1 大匙
- 紫蘇油 1 大匙
- 鹽 ½ 小匙

調味料
- 韓國辣椒粉 1 大匙
- 水 4 大匙
- 釀造醬油 2 大匙
- 果寡糖 1 大匙
- 蒜末 1 小匙

延伸做法

- 可不放辣椒粉，做成孩子也能吃的不辣口味。

辣味百菇燒豆腐

1
豆腐從長邊分成 3 等分，再切成 1cm 厚的片狀，鋪在廚房紙巾上撒點鹽巴，靜置 5 分鐘後，用紙巾將多餘水分吸乾。

2
將調味料放入小碗內拌成醬汁。大蔥斜切成片，綜合菇剝成小條或切成易入口大小。

3
在熱鍋中加入食用油、紫蘇油，以小火爆香蔥片 1 分鐘後，加入綜合菇、鹽巴轉大火拌炒 1 分鐘。

4
將綜合菇撥到鍋邊，中間放入豆腐，中火煎 3 分鐘後翻面煎 2 分鐘，加醬汁燒煮 3 ～ 4 分鐘。期間不時翻動食材以防燒焦。

⏱ **20 ～ 30 分鐘**
🍽 **2 ～ 3 人份**
🧊 **冷藏 3 天**

- 板豆腐 1 塊（300g）
- 明太魚乾 1½ 杯（30g）
- 大蔥 20cm（切成蔥花）
- 食用油 1 大匙
- 芝麻油 1 小匙
- 白芝麻粒少許

調味料
- 釀造醬油 2 大匙
- 果寡糖 1 大匙
- 蒜末 1 小匙
- 水 1½ 杯（300㎖）

`延伸做法`

- 可在醬汁中加 1 大匙韓國辣椒粉，最後切一條青陽辣椒進去。

明太魚乾燒豆腐

1
豆腐從長邊切成 3 等分，再切成 1cm 厚的片狀，在廚房紙巾上撒點鹽巴，靜置 5 分鐘後，用紙巾將多餘水分吸乾。

2
把明太魚乾與 2 大匙水拌勻，魚乾若太大可剪成 2 ～ 3 段。調味料放入小碗內拌成醬汁。

3
在熱鍋中加入食用油，以中小火將豆腐兩面各煎 3 ～ 3 分 30 秒，至顏色變金黃。

4
加入明太魚乾、蔥花、醬汁以中小火煨煮 10 分鐘，期間把醬汁反覆澆淋在豆腐上，關火加芝麻油與白芝麻粒。

⏱ 20 ～ 30 分鐘
△ 2 ～ 3 人份
🔲 冷藏 4 天

- 板豆腐 1 塊（300g）
- 櫛瓜 1 條（270g）
- 獅子唐辛子 5 條（或糯米椒、青陽辣椒，25g）
- 紅辣椒 ½ 條（可省略）
- 大蔥 10cm
- 韓國蝦醬水 1 大匙
- 蒜末 1 小匙
- 昆布 5×5cm 3 片
- 水 2 杯（400㎖）
- 鹽少許
- 黑胡椒粉少許

延伸做法

- 可以在步驟③加入 1 大匙韓國辣椒粉、1 大匙紫蘇油一起燉煮。

櫛瓜豆腐鍋

1

豆腐剝成大塊，櫛瓜先縱切對半，再改斜刀切成三角形。

2

獅子唐辛子切小 3 段，紅辣椒、大蔥斜切成片。

3

鍋中加 2 杯水（400㎖）與昆布以中火煮滾後，加豆腐、櫛瓜、蝦醬水、蒜末燉煮 8 ～ 10 分鐘。

＊若要櫛瓜更軟，燉煮時間可至 12 分鐘。

4

加入獅子唐辛子、辣椒片、蔥片、黑胡椒粉再煮 2 分鐘，最後加鹽調味。

煎餅組合技
8 道

高麗菜豬肉煎餅
用高麗菜絲、豬絞肉、馬鈴薯泥做煎餅,超有飽足感。

⋯▸ P87

泡菜豬肉煎餅
將熟成泡菜、豬絞肉、泡菜汁做成煎餅,滋味酸香爽口。

⋯▸ P87

鮪魚鮮蔬雞蛋煎餅
蔬菜拌入鮪魚、雞蛋做成煎餅,做法簡單,味道不簡單!

⋯▸ P90

菠菜雞蛋煎餅
菠菜加上又香又嫩的雞蛋,是上桌快速又營養滿分的煎餅。

⋯▸ P91

金針菇蝦仁煎餅
內有金針菇的金黃煎餅,讓你滿口都「咔滋咔滋」!

⋯▸ P92

薯絲蟹肉煎餅
以馬鈴薯絲、洋蔥、青椒、蟹肉棒做成,是家中孩子的最愛。

⋯▸ P93

珠蔥牡蠣煎餅
鮮美牡蠣拌入蔥香麵糊做成的煎餅,不僅美味,還極具賣相!

⋯▸ P94

芝麻葉肉丸煎餅
使用韓國芝麻葉、豬絞肉,加手工捏製成的肉丸煎餅。

⋯▸ P95

高麗菜豬肉煎餅 ⋯▸ P88

泡菜豬肉煎餅 ⋯▸ P89

高麗菜豬肉煎餅

⏱ 20 ～ 25 分鐘
🍽 直徑 12cm 3 片
🗄 冷藏 2 天

- 高麗菜 5 片
  （手掌大小，150g）
- 豬絞肉 100g
- 青陽辣椒 1 條（可省略）
- 食用油 6 大匙

調味料
- 砂糖 ½ 小匙
- 鹽 ⅔ 小匙
- 黑胡椒粉 ⅛ 小匙
- 蒜末 ⅓ 小匙

麵糊
- 馬鈴薯 ½ 個（100g）
- 酥炸粉 5 大匙
- 水 3 大匙

延伸做法

- 可用等量（5 大匙）的韓國煎餅粉替代酥炸粉，但用酥炸粉做的口感比較酥脆。

- 或用等量（100g，10 隻）的新鮮蝦仁替代豬絞肉，把蝦仁對半切開加入麵糊即可。

1 高麗菜切成 0.5cm 寬的細絲，青陽辣椒切成圈。

2 把豬絞肉與調味料放入大碗內用手抓醃一下。

3 馬鈴薯用磨泥器磨成泥，與其餘麵糊材料拌勻。

4 把豬絞肉、高麗菜、青陽辣椒加入步驟③的麵糊，用筷子輕輕拌勻。

5 在熱好的鍋中加入 2 大匙食用油，取 ⅓ 步驟④的麵糊加入鍋內，攤平塑形成直徑 12cm 的圓餅，以中小火煎 2 ～ 3 分鐘。

6 翻面後用鍋鏟邊煎邊壓，繼續煎 2 ～ 3 分鐘至圓餅金黃。剩餘麵糊請按相同方式煎製。

＊若煎油不夠，可視情況自行加入。

泡菜豬肉煎餅

🕐 **20 ～ 25 分鐘**
△ **直徑 15cm 2 片**
🔲 **冷藏 2 天**

- 豬絞肉 100g
- 熟成的白菜泡菜 1 杯（150g）
- 洋蔥 ¼ 顆（50g）
- 食用油 4 大匙

麵糊
- 雞蛋 1 顆
- 泡菜汁 5 大匙
- 水 1 大匙
- 食用油 1 大匙
- 釀造醬油 ½ 小匙
- 酥炸粉 ½ 杯（50g）

延伸做法

- 可用等量（½ 杯）的韓國煎餅粉替代酥炸粉，但用酥炸粉的口感比較酥脆。
- 或將適量的青陽辣椒切碎加入麵糊，享受微微帶辣的風味。

1
把麵糊材料放入大碗內用打蛋器輕輕拌勻，靜置 10 分鐘。

＊用力攪拌會使麵糊空氣流失，以致煎餅偏硬。
＊靜置麵糊使煎餅更 Q 彈。

2
用廚房紙巾將豬絞肉的血水吸除。

3
洋蔥切成 0.3cm 寬的細絲，泡菜上的醃料輕輕拿掉，再切成 0.5cm 寬的細絲。

4
把豬絞肉、泡菜、洋蔥加入步驟①的麵糊中，用筷子輕輕拌勻。

5
在熱好的鍋中加入 2 大匙食用油，維持中火空燒 1 分鐘，取一半的麵糊加入鍋內，攤平塑形成直徑 15cm、厚度 1cm 的圓餅，以中火煎 4 分鐘。

6
翻面後繼續煎 2 分 30 秒，時間到後再翻一次面，蓋上鍋蓋轉成小火煎 1 分鐘。剩餘麵糊請按相同方式煎製。

＊若煎油不夠，可視情況自行加入。

🕐 **15 ～ 20 分鐘**
⌓ **約 12 ～ 14 片**
▣ **冷藏 2 天**

- 鮪魚罐頭 1 罐（100g）
- 蔬菜邊角料切末 ½ 杯
  （洋蔥、櫛瓜、紅蘿蔔
  等，50g）
- 食用油 2 大匙

麵糊
- 雞蛋 1 顆
- 蒜末 1 小匙
- 鹽 ¼ 小匙
- 黑胡椒粉少許

延伸做法

- 可將 1 條青陽辣椒切碎
  後加入麵糊，享受微微
  帶辣的風味。
- 或搭配番茄醬更美味。

鮪魚鮮蔬雞蛋煎餅

1

鮪魚用濾網瀝掉油分。

2

把麵糊材料放入大碗內用
打蛋器拌勻，加入鮪魚、
蔬菜末用筷子拌開。

3

在熱鍋中加入食用油，用
湯匙將麵糊一匙一匙舀入
鍋內，再各別攤平塑成圓
餅狀。

＊請按家中平底鍋大小分次
煎製。

4

以中小火將圓餅兩面各煎
2 ～ 2 分 30 秒至金黃。

＊若煎油不夠，可視情況自
行加入。

⏱ 20 ～ 25 分鐘
◠ 約 15 ～ 18 片
🔄 冷藏 2 天

- 菠菜 2 把（100g）
- 洋蔥 ¼ 顆（50g）
- 食用油 3 大匙

麵糊
- 雞蛋 3 顆
- 酥炸粉 4 大匙
  （或韓國煎餅粉）
- 釀造醬油 1 大匙
- 砂糖 1 小匙
  （按口味增減）
- 鹽 ½ 小匙
- 蒜末 ½ 小匙

延伸做法

- 可將 10 隻蝦仁（100g）切碎加入麵糊，增加煎餅的風味與口感。

菠菜雞蛋煎餅

1

菠菜切成 0.5cm 的細末，洋蔥切成細絲。

＊菠菜挑揀參考 P19。

2

把麵糊材料放入大碗內用打蛋器拌勻後，加入菠菜、洋蔥用筷子拌開。

3

在熱好的鍋中加入 1 大匙食用油，放上 5 份各為 1 ½ 大匙量的麵糊，再攤平塑形成直徑 6cm、厚度 1cm 的圓餅。

4

以中小火將圓餅兩面各煎 2 ～ 2 分 30 秒至金黃。剩餘麵糊請按相同方式煎製。

＊若煎油不夠，可視情況自行加入。

⏱ **20 ～ 25 分鐘**
⌂ **直徑 10 ～ 15cm 6 片**
🔲 **冷藏 2 天**

• 新鮮蝦仁 20 隻（200g）
• 金針菇 100g
• 洋蔥 ¼ 顆（50g）
• 食用油 4 大匙

麵糊
• 雞蛋 1 顆
• 酥炸粉 6 大匙
　（或麵粉、韓國煎餅粉）
• 蒜末 ½ 大匙
• 水 5 大匙
• 鹽 ½ 小匙
• 芝麻油 2 小匙

延伸做法

• 可用等量（100g）的其他菇
　類替代金針菇。

• 搭配蘸醬美味加倍：將 1 大
　匙冷開水、1 大匙釀造醬
　油、½ 大匙白醋、½ 小匙
　果寡糖拌勻即可。

金針菇蝦仁煎餅

1

蝦仁對半切開，洋蔥切
絲，金針菇去根後再剝成
小束。

2

把麵糊材料放入大碗內用
打蛋器拌勻，加入蝦仁、
金針菇、洋蔥用筷子攪拌
開。

＊請按家中平底鍋大小分次
煎製。

3

在熱好的鍋中加入 2 大匙
食用油，取一半麵糊分成
3 等分加入鍋內，攤平塑
形成圓餅。

4

以中小火將圓餅兩面各煎
3 ～ 4 分鐘至金黃。剩餘
麵糊請按相同方式煎製。

＊若煎油不夠，可視情況自
行加入。

🕐 20 ～ 25 分鐘
⌒ 直徑 15cm 2 片
🔲 冷藏 2 天

- 馬鈴薯 1 個（200g）
- 蟹肉棒 3 根（短型，60g）
- 洋蔥 ¼ 顆（50g）
- 青椒 ½ 個（或紅黃椒、
  紅蘿蔔，100g）
- 酥炸粉 5 大匙
  （或韓國煎餅粉）
- 水 4 大匙
- 食用油 4 大匙

延伸做法

- 搭配蘸醬美味加倍：將
  2 大匙美乃滋、1 小匙
  釀造醬油、2 小匙果寡
  糖拌勻即可。

薯絲蟹肉煎餅

1

馬鈴薯切成細絲，浸泡冷水 10 分鐘去表面澱粉，撈出瀝乾。

＊也可以用刨絲器。

2

洋蔥、青椒切成 0.3 公分寬的細絲，蟹肉棒用手撕成小條。

3

把食用油以外的所有材料放入大碗內，再用筷子攪拌均勻。

4

在熱鍋中加入 2 大匙食用油，取一半的麵糊加入鍋內，攤平塑形成直徑 15cm 的圓餅，中小火兩面各煎 3 ～ 4 分鐘。剩餘麵糊請按相同方式煎製。

＊若煎油不夠，可視情況自行加入。

⏱ **20 ～ 30 分鐘**
△ **2 ～ 3 人份**

- 牡蠣 1 杯（200g）
- 雞蛋 2 顆
- 珠蔥 5 根（40g）
- 酥炸粉 2 大匙
- 食用油 2 大匙

延伸做法

- 可用切碎的大蔥或青陽辣椒替代珠蔥。

珠蔥牡蠣煎餅

1

牡蠣用濾網盛裝，放入鹽水（4 杯水＋ ½ 大匙鹽）中輕輕抓洗後瀝乾，再用廚房紙巾將剩餘水分吸除。

＊牡蠣太用力清洗會變腥。

2

珠蔥切碎後與雞蛋和酥炸粉拌勻。

3

將蚵仔加入步驟②中輕輕攪拌開。

4

在熱鍋中加入食用油，用湯匙將麵糊及牡蠣一匙匙舀入鍋內，攤平成圓餅，以中火煎 3 ～ 4 分鐘，再翻面轉中小火煎 3 ～ 4 分鐘至兩面金黃。

＊若煎油不夠，可視情況自行加入。

⏱ 35 〜 40 分鐘
⌓ 約 20 片
🔄 冷藏 2 天,冷凍 2 週

• 豬絞肉 200g
• 綜合蔬菜 140g
  (將洋蔥、紅蘿蔔、大蔥等
  切成細末)
• 韓國芝麻葉 5 片切末(10g)
• 麵粉 3 大匙
• 鹽⅔小匙
• 黑胡椒粉少許
• 食用油少許+2 大匙

延伸做法

• 搭配蘸醬,美味加倍:
  將 1 大匙釀造醬油、
  ½ 大匙白醋、1 小匙砂
  糖、1 小匙白芝麻粒拌
  勻即可。

芝麻葉肉丸煎餅

1

用廚房紙巾將豬絞肉的血
水吸除。

2

把食用油以外的所有材料
放入大碗內,用抓拌方式
拌到看不見麵粉。

＊勿過度攪拌,才能吃到食
材的豐富口感。

3

在手上抹一點油,將步
驟②的肉餡捏製成直徑
3.5cm、厚度 1cm 大小的
肉丸餅。

＊手抹點油才不會沾黏。

4

在熱鍋中加入食用油及步
驟③,以中小火將肉丸餅
兩面各煎 4 〜 4 分 30 秒
至金黃即可。

＊若煎油不夠,可視情況自
行加入。

＊熟時壓煎餅中間有硬實感。

常備小菜組合技
8 道

香烤雙味銀魚片
可選擇醬料塗在銀魚片上烙烤，有醬油及辣醬兩種口味。

··→ P97

黑豆炒魩仔魚
鬆軟的黑豆加鹹香下飯的魩仔魚，是口感與營養兼備的小菜。

··→ P97

獅子唐辛子炒魷魚絲
結合清脆的獅子唐辛子及鮮甜魷魚絲，搭配韓式辣椒醬。

··→ P100

花生炒蝦乾
把花生及蝦乾炒得又香又脆，有著雙重爽脆的口感。

··→ P101

醬燒甜蔥杏鮑菇
杏鮑菇與大蔥以醬油風醬汁拌炒，吃起來鹹甜不膩也很下飯。

··→ P102

醬醃香蒜明太魚乾
明太魚乾及蒜頭用蔥香四溢的醃汁浸泡，是開胃的醬醃菜。

··→ P103

巴薩米克醋醃綜合時蔬
將洋蔥、高麗菜、紅蘿蔔等蔬菜，以巴薩米克醋為基底的醃汁浸泡。

··→ P104

韓國大醬燉芝麻葉
一層層的韓國芝麻葉中，夾入混合洋蔥及大蔥的醬料燒煮。

··→ P105

黑豆魩仔魚手握飯糰

延伸

黑豆炒魩仔魚 ⋯► P99

香烤雙味銀魚片 ⋯► P98

香烤雙味銀魚片

⏱ 25～30 分鐘
🍽 4～5 小碟
❄ 冷藏 7 天

- 銀魚片 5～6 片（100g）
- 白芝麻粒 1 大匙

調味料 1 __醬油口味

- 蒜末 1½ 大匙
- 清酒 1 大匙
  （或韓國燒酒）
- 釀造醬油 1 大匙
- 果寡糖 3 大匙
- 芝麻油 1 大匙
- 黑胡椒粉少許

調味料 2 __辣醬口味

- 蒜末 1½ 大匙
- 清酒 1 大匙
  （或韓國燒酒）
- 韓式辣椒醬 2 大匙
- 果寡糖 3 大匙
- 芝麻油 1 大匙
- 黑胡椒粉少許

延伸做法

- 可將白飯與適量銀魚片鋪在海苔上，做成美味的銀魚海苔飯卷。

1

將銀魚片每兩片互相摩擦，清除表面雜質。

＊可按家中平底鍋尺寸，將魚片裁成適當大小。

2

選擇喜歡的口味，把該口味的調味料放入小碗內拌成醬料。

3

在熱好的鍋中放入一片銀魚片，以中火烙烤 20 秒，換面再烤 20 秒後盛盤。以同樣方式將銀魚片烤完。

4

將烤好的銀魚片兩面均勻刷上步驟②的醬料，刷完後靜置 10 分鐘。

＊靜置讓醬料更滲入。

5

在熱好的鍋中放入一片銀魚片，以小火烙烤 30 秒，再換面烤 30 秒。以同樣方式將銀魚片烤完。

＊醬料黏鍋時，要用廚房紙巾擦掉；若平底鍋溫度過高，可調整烙烤時間。

＊建議使用不沾鍋。

6

把銀魚片剪成一口大小後盛盤，撒上白芝麻粒。

黑豆炒魩仔魚

⏱ **50～55 分鐘**
（＋泡發 3 小時）
⌂ **10 小碟**
🅡 **冷藏 10 天**

- 黑豆 1 杯（泡發前 130g）
- 魩仔魚 1 杯（50g）
- 食用油 2 大匙
- 果寡糖 1½ 大匙
- 白芝麻粒 ½ 大匙

調味料
- 昆布 5×5cm 1 片
- 溫水 2 杯（熱水 1 杯
  ＋冷水 1 杯，400㎖）
- 砂糖 ½ 大匙
- 釀造醬油 1½ 大匙
- 食用油 ½ 大匙

延伸做法

- 可用等量（泡發前 130g）的黃豆替代黑豆，但步驟②的燉煮時間要拉長至 30 分鐘。
- 或拌入溫熱的白飯，做成一口大小的黑豆魩仔魚手握飯糰。

1
大碗內倒入蓋過黑豆的冷水，浸泡 3 小時以上。
＊建議放入冰箱冷藏泡發。

2
鍋中放入 5 杯水與泡發好的黑豆大火煮滾，轉中小火煮 20 分鐘後撈出瀝乾。

3
取另一大碗放入昆布與 2 杯溫水（400㎖），浸泡 10 分鐘後取出昆布，加入其餘調味料拌成醬汁。

4
在熱鍋中放入魩仔魚，以中火乾炒 1 分鐘，再加食用油炒 2 分鐘至香脆。
＊注意乾炒魩仔魚後，要待魚腥味及水分散去，才加食用油拌炒。

5
在鍋中放入步驟②的黑豆與步驟③的醬汁，以中小火燉煮 20 分鐘。

6
加入步驟④的魩仔魚與果寡糖，大火煮滾後以小火燉煮，等到醬汁幾乎收乾時繼續拌炒 3～5 分鐘，關火加入白芝麻粒拌勻。

⏱ **15 ～ 20 分鐘**
◠ **2 ～ 3 人份**
▣ **冷藏 7 天**

- 魷魚絲 3 杯（100g）
- 獅子唐辛子 15 條
  （或糯米椒 5 條，75g）
- 食用油 1 大匙
- 白芝麻粒 1 大匙
- 芝麻油 1 大匙

調味料
- 蒜末 ½ 大匙
- 料理酒 1 大匙
- 釀造醬油 1 大匙
- 果寡糖 1½ 大匙
- 韓式辣椒醬 2 大匙

延伸做法

- 可用等量（60g）的蝦乾替代魷魚絲，但要把獅子唐辛子切成蝦乾大小，同時省略步驟①，並將步驟③的時間拉長至 2 分鐘。

獅子唐辛子炒魷魚絲

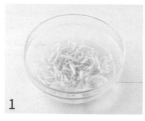

1
魷魚絲切成易入口大小。在大碗內加入 2 杯水與 1 大匙清酒，放入魷魚絲浸泡 5 分鐘後撈出，以清水沖洗 2 ～ 3 次後瀝乾。
＊魷魚絲浸泡過久鮮香會流失，務必按食譜時間浸泡。

2
獅子唐辛子斜切成長條。所有調味料放入小碗內拌成醬汁。

3
在熱鍋中加入食用油，以中火拌炒魷魚絲、獅子唐辛子 1 分 30 秒。

4
加入醬汁繼續炒 1 分 30 秒，關火加入白芝麻粒與芝麻油拌勻。

⏱ 15 ～ 20 分鐘
△ 2 ～ 3 人份
🗓 冷藏 7 天

• 去頭蝦乾 2 杯（60g）
• 花生 ½ 杯
　（或其他堅果，50g）
• 清酒 1 大匙
　（或韓國燒酒）
• 食用油 2 大匙
• 砂糖 1½ 大匙
• 釀造醬油 1 大匙
• 白芝麻粒 1 大匙
• 蜂蜜 1 大匙（或果寡糖）

延伸做法

• 可用等量（60g）的小
　魚乾替代蝦乾，但醬油
　要縮減成 1 小匙。

花生炒蝦乾

1

把蝦乾放入冷鍋中，以中
火乾炒 1 分鐘後，加入清
酒炒 30 秒。

2

加入花生、食用油炒 1 分
鐘後，加入砂糖再炒 1 分
鐘。

＊此步驟容易炒焦，須特別
留意。

3

加醬油炒 30 秒，關火加
入白芝麻粒與蜂蜜拌勻，
攤開放涼。

＊攤開放涼可避免結塊。

⏲ **15 ～ 20 分鐘**
△ **4 小碟**
🔳 **冷藏 7 天**

- 大蔥 30cm 2 根（蔥白）
- 杏鮑菇 3 朵（240g）
- 蒜頭 2 粒（10g）
- 芝麻油 ½ 小匙
- 食用油 1 大匙

調味料
- 砂糖 1 ½ 大匙
- 釀造醬油 2 ½ 大匙
- 黑胡椒粉少許

延伸做法

- 可用等量（240g）的香菇替代杏鮑菇，並把香菇切成 0.5cm 寬的片狀。

醬燒甜蔥杏鮑菇

1
大蔥切成 3cm 長段，杏鮑菇切成 5cm 長、0.5cm 厚的片狀，蒜頭切片。

＊若蔥段太粗，可用牙籤戳 4 ～ 5 個小洞幫助入味。

2
熱鍋中加入食用油，小火爆香蒜片、蔥段 1 分鐘。

3
加入調味料以小火拌炒 1 分鐘。

4
加入菇片炒 2 分 30 秒，關火加入芝麻油拌勻。

🕐 20～25 分鐘
　（＋熟成 12 小時）
🍽 4～5 小碟
🔄 冷藏 7 天

- 明太魚乾 4 杯（80g）
- 蒜頭 15 粒（75g）

醃汁材料
- 大蔥 20cm
- 砂糖 3 大匙
- 水 1½ 杯（300㎖）
- 釀造醬油 ½ 杯（100㎖）

延伸做法

- 可用 ½ 顆洋蔥（100g）替代蒜頭。
- 容器消毒方式：在耐熱容器中倒入滾水，搖晃幾下讓滾水充分浸潤內壁後，把水倒掉晾乾。

醬醃香蒜明太魚乾

1

把 ½ 杯水（100㎖）加入明太魚乾中攪拌均勻。

＊魚乾先用水拌過，口感才會柔軟。

＊若魚乾太大塊，可剪成 2～3 段。

2

蒜頭切片，大蔥切成 5cm 的長段。

3

把醃汁材料全部放入鍋中，中火攪煮 5～6 分鐘將砂糖煮溶，煮滾後關火放涼。

4

將明太魚乾、蒜片與完全冷卻的醃汁，放入消毒過的耐熱玻璃容器中，蓋緊蓋子靜置在室溫下熟成 12 小時。

⏱ 15～20 分鐘
　　（＋熟成 1～2 天）
◠ 10 小碟
▣ 冷藏 30 天

- 洋蔥 1 顆（200g）
- 高麗菜 3 片（手掌大小，90g）
- 紅蘿蔔 ¼ 根（50g）
- 青陽辣椒 5 條（按口味增減）
- 紅辣椒 2 條

醃汁材料

- 砂糖 1 杯
- 釀造醬油 1 杯（200㎖）
- 巴薩米克醋 1 杯（200㎖）
- 白醋 ¼ 杯（50㎖）
- 水 1 杯（200㎖）
- 黑胡椒粒 10 顆

延伸做法

- 蔬菜可使用單一種，或用其他硬脆的蔬菜，只要總重量控制在 350g 即可。

巴薩米克醋醃綜合時蔬

1 洋蔥、高麗菜切成一口大小。

2 紅蘿蔔先縱切對半，再切成 0.5cm 厚的片狀，青陽辣椒、紅辣椒切成 1cm 寬的辣椒圈。

3 把醃汁材料全部放入鍋中以大火煮滾，繼續攪煮約 1 分鐘，直到砂糖完全溶解即可關火。

4 將所有食材與醃汁放入消毒過的耐熱玻璃容器（參考 P103）中，靜置在室溫下到完全冷卻，蓋緊蓋子放冷藏熟成 1～2 天。

⏱ 15 ～ 20 分鐘
⌂ 2 ～ 3 人份
▣ 冷藏 7 天

• 韓國芝麻葉 30 片（60g）
調味料
• 洋蔥 ½ 顆（100g）
• 大蔥 20cm
• 水 3 大匙
• 韓式味噌醬 3 大匙
  （按鹹度增減）
• 紫蘇油 1 大匙

延伸做法

• 可在醬料中加入一些切
  碎的青陽辣椒，讓食物
  增添香辣美味。

韓國大醬燉芝麻葉

1

洋蔥切成細末，大蔥切成蔥花。

2

將所有調味料放入大碗內拌成醬料。

3

取一片韓國芝麻葉放入小平底鍋，葉上均勻放一小匙醬料，重複動作並將芝麻葉一層層疊好。

＊葉梗不重疊，方便食用時一片片夾起。

＊醬料若有剩，可在最後全部放入鍋中。

4

蓋上鍋蓋以大火燒煮 30秒，再轉小火煮 3 分鐘，關火後燜 3 分鐘。

大口吃最過癮

肉類 & 海鮮料理

豐盛澎湃人人愛！
快來享受既熟悉又有新意的美味菜色！

燒烤料理組合技
6 道

韓式泡菜燒肉煲
用熟成泡菜與豬肉片煮成的煲鍋料理，滋味酸香爽口又有濃稠的湯汁。

⋯→ P109

牛蒡片燒牛肉
牛蒡替料理增添獨特的口感，也有別具風格的視覺效果。

⋯→ P109

香辣蕈菇燒牛肉
用滿滿的蕈菇與香辣帶勁的美味醬料，拌炒出極富口感的燒炒牛肉。

⋯→ P112

雪花牛燒肉沙拉
用炒得極香的牛胸腹肉片與味道辛香的韭菜，一起拌成的美味沙拉。

⋯→ P113

蔥香燒雞
Q 彈軟嫩的雞腿肉與爽脆清甜的大蔥絲，再搭配醬油風醬汁拌炒成的甜鹹料理。

⋯→ P114

乾燒韭香魷魚
以圓圓的魷魚圈、韭菜與甘醇鹹香的醬汁合炒，香氣逼人。

⋯→ P115

韓式泡菜燒肉煲 ⋯▸ P110

牛蒡片燒牛肉 ⋯▸ P111

韓式泡菜燒肉煲

🕐 **25～30 分鐘**
🍽 **2～3 人份**
🧊 **冷藏 2 天**

- 豬梅花燒烤肉片 300g
  （或牛梅花燒烤肉片）
- 熟成白菜泡菜 1½ 杯
  （約 200g）
- 洋蔥 ¼ 顆（50g）
- 大蔥 15cm
- 青陽辣椒 1 條
- 昆布 5×5cm 2 片
- 蒜末 1 大匙
- 韓式湯用醬油 1 大匙
  （按泡菜鹹度增減）
- 水 2 杯（400㎖）

調味料
- 砂糖 1½ 大匙
- 蒜末 ½ 大匙
- 釀造醬油 3 大匙
- 清酒 1 大匙
  （或韓國燒酒）
- 黑胡椒粉少許

延伸做法
- 可搭配烏龍麵享用：將 1 包（200g）烏龍麵按包裝標示煮熟，在最後加入鍋中即可。

1

豬梅花肉片用廚房紙巾吸除血水後，切成 3cm 寬的大小。

2

把調味料放入大碗內攪拌均勻，再放入肉片拌勻醃 15 分鐘。

3

洋蔥切成 1cm 寬的粗條，大蔥、青陽辣椒斜切成片。

4

泡菜切成一口大小。

5

將肉片、泡菜、洋蔥、昆布、2 杯水（400㎖）放入湯鍋以大火煮滾，轉中火蓋鍋蓋煮 7～10 分鐘。

6

開蓋放入大蔥、青陽辣椒、蒜末、湯用醬油，續煮 3～5 分鐘。

牛蒡片燒牛肉

🕐 20 ～ 25 分鐘
🍽 2 ～ 3 人份

- 牛梅花燒烤肉片 200g
- 牛蒡直徑 2cm、長度 40cm 1 條（100g）
- 大蔥 30cm
- 食用油 1 大匙

調味料

- 砂糖 1 大匙
- 水 4 大匙
- 釀造醬油 2½ 大匙
- 料理酒 1 大匙
- 芝麻油 1 大匙
- 白芝麻粒 1 小匙
- 蒜末 2 小匙
- 黑胡椒粉少許

延伸做法

- 可做煲鍋料理：完成後加入 ½ 杯水（100㎖）與 ½ 大匙韓式湯用醬油，大火煮 3～5 分鐘。
- 處理步驟①時，若沒有削皮器，可將牛蒡切成細絲，再把步驟⑤的拌炒時間，從 3 分鐘拉長至 5 分鐘即可。

1
牛蒡削皮後繼續以削皮器削成薄片，用醋水（3 杯水 +2 小匙白醋）浸泡 10 分鐘後撈出，以清水洗淨後瀝乾。

＊牛蒡浸泡醋水，能去除澀味與防止氧化。

2
大蔥先切成 5cm 長段，再縱切成薄片。調味料放入小碗內拌成醬汁。

3
牛梅花肉片用廚房紙巾吸除血水後，切成 2cm 寬大小。

4
取出步驟②的醬汁 1½ 大匙與肉片拌勻。

5
在熱好的深平底鍋中加入食用油，以小火爆香蔥片 1 分鐘，放入牛蒡片拌炒 3 分鐘。

6
倒入剩餘醬汁炒 1 分 30 秒後，加入肉片炒 2 分 30 秒～ 3 分鐘。

🕐 **25 ～ 30 分鐘**

⌂ **2 ～ 3 人份** 🔲 **冷藏 2 ～ 3 天**

- 牛梅花燒烤肉片 200g
- 綜合菇 200g
- 洋蔥 ½ 顆（100g）
- 大蔥 15cm
- 水 ½ 杯（100㎖）
- 食用油 1 大匙
- 紫蘇油 1 小匙

調味料

- 砂糖 1 大匙
- 韓國辣椒粉 1 大匙
- 青陽辣椒 1 條（切成碎末）
- 釀造醬油 2½ 大匙
- 芝麻油 2 小匙
- 蒜末 1 小匙
- 蔥末 1 大匙

延伸做法

- 可用等量（200g）的豬梅花燒烤肉片替代牛肉，料理前先將豬肉用清酒 2 大匙、食用油 1 大匙抓醃靜置 10 分鐘。
- 可搭配白飯淋上 1 小匙芝麻油，做成香辣蕈菇牛肉蓋飯。

香辣蕈菇牛肉蓋飯 `延伸`

香辣蕈菇燒牛肉

1
綜合菇剝成小條或切成易入口大小，大蔥先切成 5cm 長段再縱切成薄片，洋蔥切成細絲。

2
牛梅花肉片用廚房紙巾吸除血水後，切成 2cm 寬大小。

3
把調味料放入大碗內攪拌均勻，再加入步驟①、②的食材拌勻。

4
在熱鍋中加入食用油、紫蘇油，放入步驟③大火拌炒 2 分鐘，加 ½ 杯水（100㎖）轉中火，繼續拌炒 6 ～ 8 分鐘。

⏱ 15 ～ 20 分鐘
△ 2 ～ 3 人份

- 牛胸腹雪花火鍋肉片 400g
- 洋蔥 ½ 顆（100g）
- 營養韭菜 1 ½ 把
  （或一般韭菜，75g）
- 食用油 1 小匙

醃料
- 砂糖 1 大匙
- 清酒 2 大匙
- 釀造醬油 2 大匙
- 蒜末 1 ½ 小匙
- 黑胡椒粉 ¼ 小匙

沙拉醬
- 冷開水 ¼ 杯（50ml）
- 釀造醬油 1 ½ ～ 2 大匙
  （按口味增減）
- 白醋 1 大匙
- 果寡糖 1 大匙
- 韓國黃芥末醬 1 小匙
  （按口味增減）

延伸做法
- 可搭配烏龍麵享用：將 1 包
  （200g）烏龍麵條按包裝標
  示煮熟，再與 1 小匙釀造醬
  油、1 小匙果寡糖拌勻。

雪花牛燒肉沙拉

1

牛胸腹肉片用廚房紙巾吸除血水後與醃料拌勻。

2

洋蔥切成細絲，用冷水浸泡 10 分鐘去除辛辣，再用廚房紙巾吸乾水分，營養韭菜切成 4cm 長段。

3

在熱鍋中加入食用油，放入步驟①以中火炒 3 ～ 5 分鐘。

4

把沙拉醬材料放入大碗內攪拌均勻，再加炒好的肉片、洋蔥絲、韭菜輕輕拌勻。

＊趁肉片還溫熱時拌，醬料會更容易巴附。

蔥香燒辣雞 延伸

🕐 25 ～ 30 分鐘
△ 2 ～ 3 人份
🔲 冷藏 2 ～ 3 天

- 去骨雞腿肉 5 片
  （或雞里肌肉，500g）
- 大蔥 20cm 4 根
  （或市售大蔥絲 120g）
- 食用油 1 大匙

調味料
- 砂糖 1 大匙
- 蒜末 ½ 大匙
- 釀造醬油 3 大匙
- 料理酒 1 大匙
- 芝麻油 1 小匙
- 黑胡椒粉少許

延伸做法
- 可以在調味料中加入 1
  大匙韓國辣椒粉，與一
  條切碎的青陽辣椒。

蔥香燒雞

1

用刀尖在雞腿肉雞皮那
面刺 4 ～ 5 次後，切成
1.5cm 寬的肉塊。

2

調味料放入大碗內攪拌均
勻，放入雞腿肉拌勻醃
10 分鐘。大蔥切成 5cm
長段，再切成細絲。

3

在熱鍋中加入食用油，放
入雞腿肉以中火拌炒 6 ～
8 分鐘。

4

關火後加一半蔥絲拌勻，
上桌前再放上剩餘蔥絲。

延伸 搭配山葵醬與烤海苔片

⏱ 25 ～ 30 分鐘
🍽 2 ～ 3 人份

• 魷魚 1 尾
（270g，處理後 180g）
• 洋蔥 ¼ 顆（50g）
• 韭菜 1 把（或大蔥，50g）
• 食用油 2 大匙
• 研磨黑胡椒粉少許

調味料
• 砂糖 1 大匙
• 釀造醬油 1 大匙
• 芝麻油 1 大匙

延伸做法
• 可用烤過的海苔片搭配山葵醬，把料理包起來吃。

乾燒韭香魷魚

1

把調味料放入小碗內拌成醬汁。洋蔥切成細絲，韭菜切成 5cm 長段。

2

魷魚處理乾淨後，身體切成 1cm 寬的魷魚圈，腳切成 5cm 長段。

＊不剪開魷魚處理參考 P13。

3

以大火預熱平底鍋 1 分鐘，加入食用油、魷魚拌炒 1 分鐘，再放入醬汁、洋蔥絲拌炒 2 分鐘。

＊拉高鍋子的溫度，炒魷魚才不會出水太多變硬。

4

關火加入韭菜、研磨黑胡椒粉拌勻。

炒豬肉組合技
6 道

鮮菇豬肉冬粉煲

由大量的秀珍菇、豬肉片與冬粉燒煮成，是道湯濃味美的煲鍋料理。

⋯⋯ P117

沙參辣炒五花肉

將沙參、豬五花肉與香辣醬料，一起炒得香氣四溢。

⋯⋯ P117

綠豆芽辣炒豬五花

清脆爽口的綠豆芽，恰好中和了豬五花肉的油膩感。

⋯⋯ P120

包飯醬辣炒蕈菇豬肉

用自製包飯醬，做成人人都愛的炒豬肉料理。

⋯⋯ P121

明太魚乾辣炒豬肉

甘鮮鹹香的明太魚乾與豬肉片一起拌炒，吃來香辣夠味超級下飯。

⋯⋯ P122

韓式泡菜炒豬肉

用油脂較少的豬梅花肉搭配酸爽泡菜，再以大火快炒成的美味料理。

⋯⋯ P123

鮮菇豬肉冬粉煲 ⋯→ P118

沙參辣炒五花肉 ⋯→ P119

鮮菇豬肉冬粉煲

🕐 25 ～ 30 分鐘
🍽 2 ～ 3 人份

- 豬梅花燒烤肉片 300g
- 秀珍菇 3 把
  （或綜合菇，150g）
- 大蔥 10cm
- 青陽辣椒 1 條
  （或其他辣椒，可省略）
- 紅辣椒 1 條（可省略）
- 韓式冬粉 ½ 把（50g）
- 食用油 1 大匙

調味料
- 洋蔥末 5 大匙
  （洋蔥 ¼ 顆，50g）

- 蒜末 1½ 大匙
- 釀造醬油 2½ 大匙
- 韓國蝦醬 ½ 大匙
- 果寡糖 1 大匙
- 鹽 ½ 小匙
- 黑胡椒粉少許

湯頭材料
- 熬湯用小魚乾 25 尾（25g）
- 昆布 5×5cm 3 片
- 水 3 杯（600㎖）

延伸做法
- 可用等量（50g）的韓國筋麵替代冬粉，將筋麵折斷加入步驟⑧一起煮。

1
冬粉用冷水浸 30 分鐘至軟。豬梅花肉片切成 3cm 寬大小。

2
把調味料放入大碗內攪拌均勻，放入肉片拌勻醃 10 分鐘。

3
在熱好的湯鍋中放入小魚乾，以中火乾炒 1 分鐘。

＊ 也可把小魚乾鋪在耐熱容器裡，微波加熱 1 分鐘。

4
放入其他湯頭材料轉中小火煮 25 分鐘，撈出昆布、小魚乾，再將煮好的高湯舀入大碗內。

＊ 高湯應有 2 杯（400㎖）量，不夠時加水補足。

5
秀珍菇剝成小條。

6
大蔥、青陽辣椒、紅辣椒切成 0.5cm 寬的斜片。

7
在熱好的湯鍋中加入食用油，放入步驟②以大火拌炒 4 分鐘，加入步驟④的高湯 2 杯（400㎖），轉中火煮 5 分鐘。

8
放入秀珍菇、大蔥、青陽辣椒、紅辣椒、冬粉，煮 3 ～ 5 分鐘至食材熟透。

沙參辣炒五花肉

⏱ **25 ～ 30 分鐘**
△ **2 ～ 3 人份**

- 豬五花肉條 300g
（或豬梅花肉）
- 沙參 8 根（160g）
- 食用油 2 大匙

調味料
- 砂糖 1 大匙
- 韓國辣椒粉 1 大匙
- 蒜末 1 大匙
- 蔥末 2 大匙
- 水 1 大匙
- 釀造醬油 ½ 大匙
- 韓式味噌醬 3 大匙
（按鹹度增減）
- 韓式辣椒醬 2 大匙
- 果寡糖 1 大匙

延伸做法
- 可切細拌溫熱白飯，做成一口大小的沙參辣豬肉手握飯糰。

1

戴上手套抓著沙參一端，將沙參頂部切除。

＊沙參汁液會使手黏黏的，建議戴上手套再處理。

2

用小刀將表皮削乾淨。

3

把沙參切成 4cm 長段，較粗的部分，可再縱切成 2 ～ 4 等分。

＊若買的是去皮沙參，可直接切開使用。

4

將五花肉條切成 4cm 寬的肉片。

5

把調味料放入大碗內拌成醬料，先取出 2 大匙醬料與沙參拌勻，再將肉片放入碗內與剩餘醬料拌勻。

6

在熱鍋中加入食用油，放入肉片以中火拌炒 3 ～ 4 分鐘。

＊小心醬料容易炒焦。

7

放入沙參轉中小火拌炒 3 ～ 4 分鐘。

＊可再轉小火多炒 2 ～ 3 鐘，將沙參炒至喜歡的軟度。

🕐 **15 ～ 20 分鐘**
△ **2 ～ 3 人份**

- 豬五花火鍋肉片 200g
- 綠豆芽 4 把（200g）
- 大蔥 15cm（斜切成片）
- 青陽辣椒 3 條（斜切成片，
  按口味增減）
- 辣椒油 2 大匙（或食用油）
- 韓國芝麻葉 10 片
- 鹽 1/3 小匙

醃料
- 清酒 2 大匙（或韓國燒酒）
- 鹽少許

調味料
- 韓國辣椒粉 3 大匙
- 砂糖 1 大匙
- 水 2 大匙
- 釀造醬油 1½ 大匙
- 蒜末 1 大匙
- 芝麻油 1 大匙

延伸做法

- 可用等量（200g）的黃豆芽
  替代綠豆芽，並將步驟③拌
  炒時間拉長至 4 分鐘。

綠豆芽辣炒豬五花

1
將五花肉片與醃料拌勻。韓國芝麻葉捲起來切成細絲。調味料放入小碗內拌成醬料。

2
在熱好的鍋中加入辣椒油，以中小火爆香蔥片 1 分鐘，放入步驟①的肉片轉中火炒 2 分鐘，再加青陽辣椒、醬料炒 2 分鐘後盛出備用。

3
將鍋子擦乾淨，加入綠豆芽、鹽巴以大火拌炒 2 分鐘後關火。

4
放入步驟②炒好的肉片拌勻，再加上芝麻葉。

⏱ **20 ～ 25 分鐘**
△ **2 ～ 3 人份**

- 豬梅花燒烤肉片 200g
- 綜合菇 300g
- 洋蔥 ¼ 顆（50g）
- 大蔥 15cm
- 食用油 1 大匙
- 黑胡椒粉少許

包飯醬材料
- 韓國辣椒粉 1 大匙
- 蒜末 1 大匙
- 清酒 1 大匙（或韓國燒酒）
- 釀造醬油 ½ 大匙
- 果寡糖 1 大匙
- 韓式味噌醬 1 大匙
  （按鹹度增減）
- 韓式辣椒醬 ½ 大匙

| 延伸做法 |

- 可以用等量（200g）的豬五花火鍋肉片替代梅花肉片。

包飯醬辣炒蕈菇豬肉

1
豬梅花肉片用廚房紙巾吸除血水，切成一口大小，再放入混合好的包飯醬中拌勻醃 10 分鐘。

2
綜合菇剝成小條或切成易入口大小，洋蔥切成 0.5cm 寬的細絲，大蔥切成蔥花。

3
在熱鍋中加入食用油，放入肉片、洋蔥絲以中火拌炒 5 分鐘。

4
放入綜合菇轉大火炒 3 分鐘，加入蔥花、黑胡椒粉炒 1 分鐘。

🕐 **20 ～ 25 分鐘**
（＋醃漬 **30** 分鐘）
△ **2 ～ 3 人份** 🔲 冷藏 **3 ～ 4 天**

- 豬梅花燒烤肉片 200g
- 明太魚乾 2 杯（40g）
- 洋蔥 ½ 顆（100g）
- 大蔥 15cm
- 青陽辣椒 1 條
- 食用油 2 大匙
- 芝麻油 ½ 大匙

調味料
- 韓國辣椒粉 2 ½ 大匙
- 砂糖 2 大匙
- 蒜末 1 大匙
- 釀造醬油 1 大匙
- 韓式辣椒醬 1 大匙
- 韓式味噌醬 1 小匙（按鹹度增減）
- 水 ½ 杯（100㎖）
- 黑胡椒粉少許

延伸做法

- 可取出一部分稍微切小，與白飯、海苔碎片一起以紫蘇油拌炒，做成香辣帶勁的炒飯。

明太魚乾辣炒豬肉

1	**2**	**3**	**4**

洋蔥切成 0.5cm 寬的細絲，大蔥、青陽辣椒斜切成片。明太魚乾剪成易入口大小。

豬梅花肉片先用廚房紙巾吸除血水後，再切成一口大小。

調味料放入大碗內攪拌均勻，加入肉片、明太魚乾拌勻醃 30 分鐘。

在熱鍋中加入食用油，放入醃好的步驟③、洋蔥絲、蔥片、青陽辣椒以中小火拌炒 5 ～ 6 分鐘，再加芝麻油轉大火炒 2 ～ 3 分鐘。

＊擔心炒焦可改用中火拌炒。

韓式泡菜豬肉蓋飯 延伸

🕐 **20 ～ 25 分鐘**
🍽 **2 ～ 3 人份**
🧊 **冷藏 2 天**

- 豬梅花燒烤肉片 200g
- 熟成白菜泡菜⅔ 杯（100g）
- 洋蔥 ½ 顆（100g）
- 大蔥 10cm（斜切成片）
- 青陽辣椒 1 條
  （斜切成片，可省略）
- 食用油 1 大匙
- 芝麻油 1 小匙
- 黑胡椒粉少許

調味料
- 砂糖 1 大匙
- 蒜末 ½ 大匙
- 水 1 大匙
- 清酒 1 大匙（或韓國燒酒）
- 韓式辣椒醬 1 大匙
- 韓國辣椒粉 1 小匙
- 釀造醬油 1 小匙

延伸做法

- 可搭配白飯淋上一些芝麻油，做成韓式泡菜豬肉蓋飯。

韓式泡菜炒豬肉

1

豬梅花肉片用廚房紙巾吸除血水後，切成一口大小。調味料放入大碗內攪拌均勻，再放入肉片拌勻醃 10 分鐘。

2

洋蔥切成 1cm 寬的粗條，將泡菜上的醃料輕輕拿掉，切成易入口大小。

3

熱鍋中加入食用油，放入泡菜中火炒 1 分 30 秒，加肉片炒 3 分鐘，再放入洋蔥炒 2 分鐘。

4

加入蔥片、青陽辣椒轉大火炒 30 秒，關火加芝麻油、黑胡椒粉拌勻。

白灼五花肉組合技 4 道

韓式薑燒白切肉
煮得水水嫩嫩的白切肉，搭配薑末、大蔥、醬汁燒煮而成。
⋯→ P125

韓式白切肉佐蓮藕沙拉
蓮藕薄片用芝麻醬汁拌勻，與稍微煎過的白切肉一起享用。
⋯→ P125

韓式白切肉佐鳳梨醬
淋上香甜鳳梨醬汁的白切肉料理，美味不容錯過。
⋯→ P128

涼拌茼芹豬五花
用火鍋肉片做出的白切肉，搭配新鮮茼芹與特調醬汁，爽口不油膩。
⋯→ P129

燉燒料理組合技 6 道

南瓜年糕燉牛肋排
用南瓜、香菇、年糕等豐富食材，經簡單調味燉煮成的美味。
⋯→ P130

燉燒帶骨牛小排
不僅有大口啃肉的快感，就連湯汁也能用來拌飯吃！
⋯→ P132

韓風番茄燉牛肉
結合軟嫩牛肉、蘑菇、蔬菜、番茄等食材慢火燉煮而成。
⋯→ P133

黃豆芽辣燉豬肋排
嚐得到香辣帶勁的醬料、清脆爽口的黃豆芽，與輕咬就骨肉分離的豬肋排。
⋯→ P135

獅子唐辛子燉豬肉
吃得到爽脆的獅子唐辛子與甜鹹入味的醬燒豬肉。
⋯→ P136

蘿蔔葉乾辣燉豬小排
香氣撲鼻的蘿蔔葉乾與軟嫩多汁的豬小排，美味可口超級下飯！
⋯→ P137

韓式薑燒白切肉 … P126

韓式白切肉佐蓮藕沙拉 … P127

韓式薑燒白切肉

🕐 **1 小時～**
1 小時 10 分鐘
🍴 **3 ～ 4 人份**

- 厚切豬五花肉條 1 條
  （或豬胛心肉、豬梅花肉，500g）
- 大蔥 20cm 2 根
- 薑末 1 小匙
  （或薑絲，5g）
- 食用油 1 大匙

五花肉滷水材料
- 大蔥 20cm 3 根
  （蔥綠部分）
- 清酒 3 大匙
  （或韓國燒酒）
- 韓式味噌醬 2 大匙
- 咖啡粉 1 小匙
- 水 8 杯（1.6ℓ）

調味料
- 砂糖 1½ 大匙
- 清酒 3 大匙
- 釀造醬油 2½ 大匙

> **延伸做法**
> - 可搭配 P23 的涼拌韭菜黃豆芽一起吃，滋味更豐富。

1　把滷水材料放入湯鍋以大火煮滾。

2　將五花肉條放入步驟①的鍋中，大火再次煮滾，蓋上鍋蓋轉中小火續煮 45 ～ 50 分鐘。

3　取出肉條，待完全放涼後，將五花肉切成 1cm 厚的肉片。

＊放涼再切，肉才不會散掉。

4　把調味料放入小碗內拌成醬汁。大蔥斜切成細絲。

5　在熱好的鍋中放入步驟③的肉片，以中火將兩面各煎 1 分 30 秒至金黃後，將肉片推一邊。

6　在空出的鍋內加入食用油、蔥絲、薑末，以中火拌炒 2 分鐘。

7　放入醬汁以中火混合拌炒所有食材 5 分鐘，直到醬汁收乾變濃稠。

韓式白切肉佐蓮藕沙拉

⏱ 1 小時 10 分鐘～
1 小時 20 分鐘
△ 3 ～ 4 人份

- 厚切豬五花肉條 1 條
  （或豬胛心肉、豬梅花
  肉，500g）
- 蓮藕直徑 5cm，長度
  10cm 1 條（150g）
- 大蔥 30cm（或市售
  大蔥絲，50g）

五花肉滷水材料
- 大蔥 20cm 3 根
  （蔥綠部分）
- 清酒 3 大匙
  （或韓國燒酒）

- 韓式味噌醬 2 大匙
- 咖啡粉 1 小匙
- 水 8 杯（1.6ℓ）

芝麻醬汁
- 現磨白芝麻粉 4 大匙
- 冷開水 5 大匙
- 白醋 3 大匙
- 釀造醬油 2 大匙
- 果寡糖 1 大匙

> **延伸做法**
>
> - 可在醬汁中加入 1 小匙
>   韓國黃芥末醬提味，吃
>   來微微嗆辣。

1 把滷水材料放入湯鍋以大
火煮滾。

2 在熱好的平底鍋中放入五
花肉條。

＊按家中平底鍋大小分次
煎，或將肉條切半再煎。

3 以中火將五花肉每一面都
煎至微微上色，約 4 ～ 5
分鐘。

＊小心煎豬皮容易噴油。

4 把煎好的肉條放入步驟①
的鍋中，以大火再次煮
滾，蓋上鍋蓋轉中小火繼
續煮 45 ～ 50 分鐘後取出
放涼。

5 蓮藕去皮切成 0.3cm 厚
的薄片，大蔥先切成 5cm
長段，再切成細絲。

＊或將蓮藕片放入滾水（4
杯）汆燙 30 秒，用冷開水沖
洗瀝乾。

6 把步驟⑤的蔥絲放入裝有
冷開水的大碗內抓洗，水
倒掉後重新裝入冷開水，
浸泡 10 分鐘去除辛辣後
撈出瀝乾。

7 將芝麻醬汁材料放入大碗
內攪拌均勻，放入步驟⑤
的蓮藕片拌勻。

8 五花肉完全放涼後，切成
1cm 寬的肉片，與蓮藕沙
拉、蔥絲一起盛盤上桌。

＊放涼後再切片，肉才不會
散掉。

🕐 1 小時 10 分鐘～
1 小時 15 分鐘
🍽 3 ～ 4 人份

- 厚切豬五花肉條 2 條（或
  豬胛心肉、豬梅花肉，1kg）

鳳梨醬汁
- 罐頭鳳梨片 100g
- 砂糖 ½ 大匙
- 白醋 1 大匙
- 鹽 ⅔ 小匙
- 韓國黃芥末醬 1 小匙
  （按口味增減）

五花肉滷水材料
- 大蔥 20cm 3 根（蔥綠部分）
- 清酒 3 大匙（或韓國燒酒）
- 韓式味噌醬 2 大匙
- 咖啡粉 1 小匙
- 水 8 杯（1.6ℓ）

延伸做法
- 可將 2 把（100g）韭菜
  切成易入口大小，與五
  花肉搭配吃更有風味。

韓式白切肉佐鳳梨醬

1
把滷水材料放入湯鍋以大火煮滾。

2
將五花肉放入步驟①的鍋中，以大火再次煮滾，蓋上鍋蓋轉中小火繼續煮 45～50 分鐘後取出放涼。

3
把鳳梨醬汁的材料放入調理機內打勻。

4
五花肉完全放涼後，切成 1cm 寬的肉片，與鳳梨醬汁一起盛盤上桌。

＊放涼後再切片，肉才不會散掉。

⏱ **20 ～ 25 分鐘**
🍽 **2 ～ 3 人份**

- 豬五花火鍋片 400g
  （或豬五花燒肉片）
- 茼芹 3 把（150g）

五花肉汆燙材料
- 大蔥 20cm 2 根（蔥綠部分）
- 清酒 1 大匙（或韓國燒酒）
- 韓式味噌醬 1 大匙
- 水 5 杯（1ℓ）

調味料
- 白芝麻粒 1 大匙
- 韓國辣椒粉 ½ 大匙
- 洋蔥末 3 大匙（⅙ 顆）
- 白醋 2 大匙
- 釀造醬油 2 大匙
- 芝麻油 1 大匙
- 果寡糖 2 大匙
- 韓國黃芥末醬 1 小匙
- 蒜末 1 小匙
- 鹽少許

延伸做法
- 可用等量（150g）的萵苣
  類蔬菜、營養韭菜或韓國芝
  麻葉替代茼芹。

涼拌茼芹豬五花

1
將汆燙五花肉的材料放入
湯鍋以大火煮滾，放入五
花肉片大火汆燙 2 ～ 3 分
鐘撈出瀝乾。

2
調味料放入大碗內拌勻，
放入燙好的肉片再拌勻。

＊趁肉片溫熱時拌，醬料才
容易巴附。

3
將茼芹枯黃的部分摘除
後，切成一口大小。

4
把茼芹鋪在盤底，放上步
驟②的肉片即可。

南瓜年糕燉牛肋排

⏱ **50～60 分鐘**
（＋泡除血水 3 小時、
醃漬 1 天）

△ 3～4 人份

▣ 冷藏 2 天

- 帶骨牛肋排 1kg
- 白蘿蔔片直徑 10cm、
  厚度 2cm（200g）
- 栗子南瓜 ½ 顆（400g）
- 新鮮香菇 6 朵（150g）
- 紅棗 30 顆（60g）
- 韓國長條年糕 20cm
- 水 ¾ 杯（150㎖）

調味料
- 水梨 ½ 顆（300g）
- 洋蔥 1 顆（200g）
- 大蔥 20cm
- 蒜頭 10 粒（50g）
- 薑 1 小塊
  （或薑末 1 小匙，5g）
- 砂糖 5 大匙
- 玉米糖漿 3 大匙
  （或蜂蜜、果寡糖）
- 清酒 2 大匙
- 釀造醬油 ¾ 杯（150㎖）
- 芝麻油 1 大匙
- 黑胡椒粉 1 小匙

延伸做法
- 可用等量（400g）的地瓜或栗子替代南瓜。
- 若以蜂蜜取代糖漿，建議用金合歡樹蜜（Acacia Honey），以免香味過濃搶走風味。

1 先將肋排多餘的脂肪修除乾淨。

2 再用刀尖在肉上深深刺個幾刀。

3 肋排用冷水浸泡 3 小時以上去除血水，中間須換 2～3 次清水。

4 將調味料放入調理機內打勻，再與肋排拌勻醃 1 天。

＊最少要醃 3 小時以上，肋排才會軟嫩入味。

5 把白蘿蔔片切成 6 等分，將方角修圓，南瓜切成一口大小。

＊把方角修圓才不會在料理中碰裂，或可省略。

6 香菇蒂頭切除後用十字刀法切成小塊，長條年糕切成一口大小。

＊年糕可先滾水汆燙軟，以縮短料理時間。

7 把步驟④與 ¾ 杯水（150㎖）放入湯鍋以大火煮滾後，計時煮 10 分鐘並撈除浮沫，再加白蘿蔔與一半紅棗，蓋鍋蓋轉小火熬煮 20 分鐘。

8 放入南瓜、剩餘紅棗、香菇，蓋回鍋蓋煮 10 分鐘，開蓋放入年糕再煮 5 分鐘至熟。

⏱ **30 ～ 40 分鐘**
（＋泡除血水 1 小時）
🍽 **2 ～ 3 人份** 📦 冷藏 2 天

- 帶骨牛小排 500g
- 新鮮香菇 3 朵（75g）
- 紅蘿蔔⅓條（約 65g）
- 洋蔥½顆（100g）
- 蒜頭 5 粒（25g）

牛小排汆燙材料
- 清酒 2 大匙（或韓國燒酒）
- 韓式味噌醬 1 大匙
- 蒜頭 3 粒（15g）
- 大蔥 15cm
- 水 5 杯（1ℓ）

調味料
- 砂糖 1½大匙
- 料理酒 1 大匙
- 水 2½杯（500㎖）
- 釀造醬油 6 大匙
- 果寡糖 1 大匙

延伸做法

- 用壓力鍋讓牛小排更軟嫩：處理至步驟③後，把牛小排、蒜頭、調味料全部放入壓力鍋中拌勻，蓋鍋蓋大火煮至洩壓閥出聲，轉小火煮 15 分鐘。關火待蒸氣散去，加入香菇、紅蘿蔔、洋蔥，以中火煮 10 分鐘。

燉燒帶骨牛小排

1
牛小排用冷水浸泡 1 小時以上去除血水，中間替換 1 次清水。汆燙牛小排的材料放入湯鍋，以大火煮滾備用。

2
香菇、紅蘿蔔、洋蔥切成一口大小。

3
把牛小排放入步驟①的鍋中，以大火再次煮滾後，計時汆燙 3 分鐘。取出牛小排瀝乾，切成 2 ～ 3 塊。

4
將牛小排、紅蘿蔔、蒜頭、調味料放入湯鍋以大火煮滾，蓋鍋蓋轉中火煮 10 ～ 13 分鐘，放入香菇、洋蔥，蓋鍋蓋再煮 10 分鐘。

⏱ 40 ～ 45 分鐘
🍽 3 ～ 4 人份　📦 冷藏 2 天

- 嫩肩里肌牛排 800g（厚度 1.5cm，或牛肋條、梅花牛排）
- 小番茄 12 ～ 13 顆（或牛番茄 1¼ 顆，200g）
- 彩椒 1 個（200g）
- 蘑菇 6 朵（或其他菇類，120g）
- 洋蔥 ½ 顆（100g）
- 蒜頭 10 粒（50g）
- 去皮整顆番茄罐頭 2 罐（800g）
- 蠔油 3 大匙
- 韓式辣椒醬 1 大匙
- 橄欖油 2 大匙
- 研磨黑胡椒粉少許
- 鹽 1 小匙

延伸做法

- 可將 1 把（70g）義大利麵按包裝標示煮熟，與燉牛肉一起享用。

韓風番茄燉牛肉

1
牛肉用廚房紙巾吸除血水。將牛肉、彩椒、蘑菇、洋蔥切成一口大小，蒜頭對切。

2
在熱好的湯鍋中加入橄欖油，以中小火爆香蒜頭 1 分鐘。

3
放入牛肉轉成大火拌炒 6 ～ 8 分鐘。

4
加入小番茄、洋蔥、番茄罐頭、蠔油、辣椒醬攪煮 5 分鐘，再次煮滾後，放入彩椒、蘑菇、研磨黑胡椒粉，蓋鍋蓋轉中火煮 16 ～ 20 分鐘，最後加鹽調味。

黃豆芽辣燉豬肋排

⏱ 1 小時 50 分鐘～
　 2 小時
△ 3 ～ 4 人份
🄫 冷藏 3 ～ 4 天

- 豬肋排 1kg
- 黃豆芽 6 把（300g）
- 蒜頭 15 粒（75g）
- 青陽辣椒 2 條
　（按口味增減）
- 大蔥 30cm
- 水 5 杯（1ℓ）

調味料
- 洋蔥 ½ 顆（100g）
- 罐頭鳳梨片 100g
　（或水梨）
- 紅辣椒 2 條
- 水 1 杯（200㎖）
- 韓國辣椒粉 4 大匙
- 砂糖 3 大匙
- 蒜末 4 大匙
- 釀造醬油 5 大匙
- 韓式辣椒醬 1 大匙
- 芝麻油 2 大匙
- 黑胡椒粉 ½ 小匙

延伸做法
- 可搭配烏龍麵享用：將 1 包（200g）烏龍麵按包裝標示煮熟，再加入鍋中即可。

1
豬肋排一根根切開放入（6 杯）滾水中，待再次煮滾後，計時汆燙 5 分鐘撈出，以清水洗去雜質後瀝乾。

2
洋蔥、鳳梨片、紅辣椒切成一口大小，與 1 杯水（200㎖）一同放入調理機內攪打 1 分鐘，將蔬菜泥倒入湯鍋與其他調味料拌勻。

3
把豬肋排、5 杯水（1ℓ）放入步驟②的鍋中，以大火煮滾，蓋上鍋蓋轉小火燉煮 1 小時 20 分鐘，期間不時攪拌一下。

4
將黃豆芽以清水洗淨瀝乾，青陽辣椒、大蔥斜切成片，蒜頭對切。

5
把蒜頭、青陽辣椒放入步驟③的鍋中，以中小火煮 13 ～ 15 分鐘，期間不時攪拌一下。

6
放入黃豆芽、蔥片，蓋上鍋蓋轉小火續煮 4 ～ 5 分鐘。

＊全程蓋鍋蓋，黃豆芽才不會有腥味。

⏱ 50 ～ 55 分鐘
△ 3 ～ 4 人份
⊡ 冷藏 3 ～ 4 天

• 豬胛心肉 1kg
• 獅子唐辛子 20 條（100g）

調味料
• 砂糖 4⅓ 大匙
• 蔥末 2 大匙
• 蒜末 1 大匙
• 釀造醬油 7½ 大匙
• 玉米糖漿 2 大匙
　（或果寡糖、蜂蜜）
• 薑末 1 小匙
• 水 2 杯（400㎖）

延伸做法

• 可用大蔥的蔥白（約 30cm）切成 2cm 蔥段替代獅子唐辛子，做成不辣口味。

獅子唐辛子燉豬肉

1

豬胛心肉用廚房紙巾吸除血水後，切成 5×5cm 大小的肉塊，用刀尖將肉塊兩面刺 2 ～ 3 刀。

2

獅子唐辛子用叉子戳 2 ～ 3 次。

＊戳小洞會更容易入味。

3

將豬肉塊、調味料放入深湯鍋，以大火煮滾後計時煮 5 分鐘，蓋鍋蓋轉小火再煮 13 分鐘，開蓋轉大火煮 15 ～ 18 分鐘，至醬汁收乾變濃稠，期間不時攪拌一下。

4

放入獅子唐辛子以大火燒煮 2 分鐘。

⏱ 1 小時～
　1 小時 10 分鐘
△ 3 ～ 4 人份
▣ 冷藏 2 ～ 3 天

- 豬小排 1kg
- 熟蘿蔔葉乾 300g（以 60g
  蘿蔔葉乾水煮成）
- 水 5 杯（1ℓ）

醃料
- 蒜末 1 大匙
- 韓式味噌醬 2 大匙

調味料
- 韓國辣椒粉 3 大匙
- 蔥末 2 大匙
- 蒜末 1 大匙
- 釀造醬油 2 大匙
- 清酒 2 大匙
- 果寡糖 2 大匙
- 韓式辣椒醬 2 大匙
- 鹽 1½ 小匙
- 薑末 1 小匙

延伸做法

- 或可使用水煮蘿蔔葉乾
  罐頭。

蘿蔔葉乾辣燉豬小排

1
將豬小排多餘脂肪修除乾淨，在肉上深深劃幾刀，起一鍋汆燙豬小排的（10杯）滾水。

2
把豬小排放入步驟①的滾水中，以中火再次煮滾，計時汆燙 5 分鐘後，撈出瀝乾。

3
將熟蘿蔔葉乾的水分擠掉但不要擠乾，切成 7cm 長段後與醃料拌勻。把汆燙好的豬小排與調味料拌勻醃 10 分鐘。

4
把步驟③的豬小排、蘿蔔葉乾、5 杯水（1ℓ）放入深湯鍋，以大火煮滾，蓋鍋蓋轉中火煮 10 分鐘，再轉中小火煮 10 分鐘後，轉小火再煮 15 分鐘。

燉雞料理組合技 4 道

特製青陽辣椒燉雞
用整隻雞腿、青陽辣椒與紅酒醬汁，一起燉煮的特色燉雞。

···→ P139

香辣咖哩燉雞
加入地瓜、青椒、冬粉、雞腿肉等食材，感受濃厚的咖哩香。

···→ P139

香韭蒸雞佐辣醬
將帶骨雞肉、蒜片與韭菜清蒸至熟，吃來原汁原味好健康。

···→ P142

粉紅醬燉雞
用鮮奶油與番茄麵醬，加大塊雞腿肉與各種蔬菜烹煮而成。

···→ P143

辣炒料理組合技 4 道

水芹辣炒雞湯
用最簡單的調味，烹煮出帶有水芹獨特香氣的辣炒雞湯。

···→ P144

香辣淡菜炒雞湯
每一口都能品嘗到 Q 彈滑嫩的雞肉，與味道甘美的淡菜。

···→ P146

部隊鍋風辣炒雞湯
將帶骨雞肉、泡菜、黃豆芽、午餐肉等，以部隊鍋方式燒煮。

···→ P148

香辣章魚炒雞湯
加入一整尾的章魚，讓辣炒雞湯也能嚼勁十足。

···→ P149

特製青陽辣椒燉雞
⋯⋯▸ P140

香辣咖哩燉雞 ⋯⋯▸ P141

特製青陽辣椒燉雞

- ⏱ 45 〜 50 分鐘
- 🍽 3 〜 4 人份
- 🧊 冷藏 3 〜 4 天

- 雞腿 1kg
  （或帶骨雞肉切塊）
- 馬鈴薯 1 個（200g）
- 洋蔥 ½ 顆（100g）
- 紅蘿蔔 ½ 條（100g）
- 大蔥 20cm
- 蒜頭 20 粒（100g）
- 紅辣椒 2 條
- 青陽辣椒 6 條
  （按口味增減）
- 橄欖油 1 大匙
  （或食用油）
- 研磨黑胡椒粉少許

醃料
- 紅酒 ½ 杯
  （不帶甜味，100ml）
- 釀造醬油 1 大匙
- 鹽 1 小匙

調味料
- 釀造醬油 ½ 杯（100ml）
- 紅酒 ½ 杯
  （不帶甜味，100ml）
- 砂糖 3 大匙

> **延伸做法**
> - 可將韓國年糕條（150g）用滾水煮軟，加入鍋中一起享用。

1
用刀尖在雞腿較厚的部分刺 4 〜 5 刀，再與醃料拌勻醃 15 分鐘。
＊刀痕盡量深至雞骨，會更容易入味。

2
洋蔥切成一口大小，紅蘿蔔切成 1cm 厚的半月形切片，馬鈴薯切成 1cm 厚的圓片，青陽辣椒、紅辣椒切成 1cm 寬的辣椒圈，大蔥切成 2cm 小段。

3
調味料放入小碗內，拌成醬汁。

4
在大火預熱好的深平底鍋中加入橄欖油，放入步驟①的雞腿將兩面各煎 3 〜 5 分鐘至上色。

5
放入醬汁、青紅辣椒、黑胡椒粉，轉中火拌炒 3 分 30 秒。

6
加入馬鈴薯、洋蔥、紅蘿蔔、大蔥、蒜頭以大火煮滾，蓋鍋蓋轉小火煮 15 分鐘。
＊將馬鈴薯移至雞腿下方會更容易煮熟。

7
將雞腿翻面，蓋鍋蓋續煮 10 分鐘，開蓋轉大火續煮 5 〜 7 分鐘，並把醬汁反覆澆淋在雞腿上。
＊雞腿要翻面並反覆淋醬汁才會均勻入味。

香辣咖哩燉雞

⏱ 45 ～ 50 分鐘
　　（＋泡發 1 小時）
🍽 3 ～ 4 人份
🧊 冷藏 3 ～ 4 天

- 去骨雞腿肉 5 片
　（或雞胸肉，500g）
- 地瓜 1 個
　（或馬鈴薯，200g）
- 青椒 1 個
　（或洋蔥，100g）
- 韓式冬粉 ½ 把（50g）
- 大蔥 20cm（切片）
- 青陽辣椒 2 條
　（斜切成片，可省略）
- 食用油 1 大匙
- 黑胡椒粉少許

醃料
- 清酒 1 大匙
　（或韓國燒酒）
- 鹽 ½ 小匙
- 蒜末 1½ 小匙

調味料
- 砂糖 ½ 大匙
- 韓國辣椒粉 1 大匙
- 咖哩粉 4 大匙
- 釀造醬油 1 大匙
- 水 2 杯（400㎖）

延伸做法

- 可不加青陽辣椒與辣椒粉，並使用不辣的咖哩粉，做成孩子也能吃的口味。

1
大碗內倒入蓋過冬粉的清水，將冬粉浸泡 1 小時後撈出瀝乾，再剪成 5 ～ 6cm 的長段。

2
去骨雞腿肉用十字刀法切成 4 等分。

3
將雞腿肉與醃料拌勻醃 10 分鐘。

4
地瓜先縱切對半，再切成 1.5cm 厚的片狀，青椒切成一口大小。調味料放入大碗內拌成醬汁。

5
在熱好的深湯鍋中加入食用油，以中火爆香蔥片、青陽辣椒 1 分鐘，放入雞腿肉拌炒 3 分鐘。

6
加入地瓜轉大火炒 1 分鐘，加步驟④的醬汁，再次煮滾後轉中小火煮 15 分鐘，並不時攪拌一下。

7
放入青椒、冬粉轉中火拌炒 3 分鐘，關火加入黑胡椒粉拌勻。

⏱ **55 ～ 60 分鐘**
△ **3 ～ 4 人份**

- 帶骨雞肉切塊 1 盒（1kg）
- 韭菜 6 把（或珠蔥，150g）
- 蒜頭 5 粒（25g）

調味料
- 大蔥 15cm（切成蔥花）
- 韓國辣椒粉 2 大匙
- 釀造醬油 1½ 大匙
- 冷開水 2 大匙
- 砂糖 1 小匙
- 蒜末 1 小匙
- 韓國黃芥末醬 1 小匙
  （按口味增減）
- 黑胡椒粉少許

延伸做法
- 可用等量（150g）的珠蔥替代韭菜。
- 或將 4 顆鮑魚處理乾淨後（參考 P10），加入步驟④與韭菜一起蒸。

香韭蒸雞佐辣醬

1 韭菜切成一半，蒜頭切片。調味料放入小碗內拌成蘸醬。湯鍋放入 4 杯水、3 大匙清酒，蓋上鍋蓋煮滾。

2 待蒸氣冒出後，放入蒸盤並鋪上雞肉。

3 加入蒜片，蓋上鍋蓋蒸 40 ～ 50 分鐘，將雞肉蒸熟。

＊期間不時將雞肉翻面。

4 放入韭菜，蓋回鍋蓋蒸 3 ～ 5 分鐘，再將所有食材與蘸醬一起盛盤上桌。

⏱ 25 ～ 30 分鐘
△ 3 ～ 4 人份

- 去骨雞腿肉 5 片 [1]
  （或雞胸肉，500g）
- 洋蔥 1 顆（200g）
- 紅蘿蔔 ½ 條（100g）
- 馬鈴薯 1 個（200g）
- 青陽辣椒 1 條（斜切成片）
- 蒜頭 10 粒（50g）
- 食用油 1 大匙
- 鹽少許

粉紅醬
- 番茄義大利麵醬
- 1 ½ 杯（300㎖）
- 鮮奶油 1 ½ 杯（300㎖）
- 鹽少許

延伸做法

- 可將墨西哥玉米餅皮用
  熱鍋烙烤，搭配燉雞吃
  更美味。

粉紅醬燉雞

1
洋蔥對切後用十字刀法切
成 4 等分，馬鈴薯、紅蘿
蔔切成 1cm 厚的圓片。

2
去骨雞腿肉切成 2 大塊。
粉紅醬材料放入大碗內攪
拌勻。

3
在熱好的深平底鍋中加入
食用油，以中小火爆香蒜
頭 1 分鐘，雞腿肉雞皮朝
下中火煎 3 分鐘至金黃。

4
放入洋蔥、紅蘿蔔、馬鈴
薯拌炒 3 分鐘，加入粉紅
醬、青陽辣椒拌炒 8 ～
10 分鐘至食材熟透，再
依口味加鹽調味。

1. 韓國雞腿肉一片約 100g，台灣市售一片約 160 ～ 190g 不等，請斟酌雞腿大小或可切 3 ～ 4 塊。

水芹辣炒雞湯

⏱ **50 ～ 55 分鐘**
🍴 **3 ～ 4 人份**
🧊 **冷藏 2 天**

- 帶骨雞肉切塊 1 盒
  （1kg）
- 水芹 1½ 把
  （或茼芹、韓國芝麻葉、
  薺菜，100g）
- 馬鈴薯 1 個
  （或地瓜，200g）
- 紅蘿蔔 ¼ 條
  （50g，可省略）
- 大蔥 20cm
- 青陽辣椒 2 條
  （按口味增減）
- 水 3 杯（600㎖）

調味料
- 韓國辣椒粉 4 大匙
- 砂糖 2 大匙
- 蒜末 2 大匙
- 釀造醬油 3 大匙
- 料理酒 1 大匙
- 韓式辣椒醬 2 大匙
- 黑胡椒粉少許

延伸做法

- 可取一部分稍微切小，
  與白飯、海苔碎片一起
  用紫蘇油拌炒，做成香
  辣夠味的炒飯。

1

用刀尖在雞肉較厚的部分
刺 4 ～ 5 刀。起一鍋汆燙
雞肉的（7 杯水＋1 大匙
清酒）滾水。

2

將雞肉放入步驟①的滾水
中汆燙 4 分鐘。

3

用濾網撈出雞肉，以清水
洗去表面雜質後瀝乾。

4

把調味料放入大碗內拌
勻，放入雞肉拌勻醃 10
分鐘。

5

馬鈴薯、紅蘿蔔先縱切對
半，再切成 1cm 厚的片
狀，大蔥、青陽辣椒斜切
成片，水芹切成 5cm 長
的長段。

6

將步驟④的雞肉、3 杯水
（600㎖）放入湯鍋以大
火煮滾，蓋鍋蓋轉中小火
煮 25 分鐘，期間不時攪
拌一下。

7

放馬鈴薯、紅蘿蔔，蓋鍋
蓋煮 10 分鐘，開蓋轉大
火煮 3 分鐘，期間把醬汁
反覆澆淋在食材上。

8

加入大蔥、青陽辣椒以大
火煮 1 分鐘，關火加入水
芹拌勻。

延伸 搭配韓式冬粉

香辣淡菜炒雞湯

⏱ 50～55 分鐘
🍽 3～4 人份
🧊 冷藏 2 天

- 淡菜 15～17 個（300g）
- 帶骨雞肉切塊 1 盒（1kg）
- 洋蔥 ½ 顆（100g）
- 大蔥 20cm
- 水 2 杯（400㎖）
- 黑胡椒粉少許

調味料
- 韓國辣椒粉 3 大匙
- 蒜末 2 大匙
- 釀造醬油 2 大匙
- 果寡糖 1½ 大匙
- 韓式辣椒醬 2 大匙

延伸做法
- 可將 ½ 把（泡發前，50g）韓式冬粉用冷水泡 30 分鐘至軟，撈出瀝乾後剪成一半，加入步驟⑦燒煮。

1 把雞肉放入（7 杯水＋1 大匙清酒）滾水汆燙 4 分鐘撈出，以清水洗去表面雜質後瀝乾。

2 將淡菜互相摩擦一下清除表殼雜質。

3 若淡菜上有足絲，要用力將其拔除。

4 洋蔥切成一口大小，大蔥斜切成片。

5 把調味料放入湯鍋內拌勻，加入雞肉再拌勻醃 10 分鐘。

6 倒入 2 杯水（400㎖）以大火煮滾，蓋上鍋蓋轉小火燒煮 25 分鐘，期間不時攪拌一下。

7 開蓋放入淡菜、洋蔥攪煮 5～7 分鐘，至淡菜殼口打開。

8 放入蔥片煮 1 分鐘，加黑胡椒粉拌勻。

⏱ **50～55 分鐘**
△ **3～4 人份**　📦 **冷藏 2 天**

- 帶骨雞肉切塊 1 盒（1kg）
- 熟成白菜泡菜 1 杯（150g）
- 洋蔥 ½ 顆（100g）
- 午餐肉罐頭 200g（或其他火腿）
- 黃豆芽 4 把（200g）
- 大蔥 20cm（斜切成片）
- 青陽辣椒 2 條（斜切成片）
- 市售牛骨高湯 4 杯
  （無鹽，800㎖）
- 泡菜汁 ½ 杯（100㎖）

調味料
- 韓國辣椒粉 6 大匙
- 蒜末 1 大匙　　• 清酒 1 大匙
- 韓國魚露 1 大匙（玉筋魚或鯷魚）
- 韓式湯用醬油 1 大匙
- 韓式味噌醬 1 大匙（按鹹度增減）
- 砂糖 1 小匙
- 黑胡椒粉 ½ 小匙

延伸做法
- 可將 1 包韓國 Q 拉麵（純麵條，110g）按包裝標示煮熟，最後加入鍋中即可。

部隊鍋風辣炒雞湯

1	**2**	**3**	**4**
雞肉按照 P145 步驟①～③處理。洋蔥、午餐肉、泡菜切成一口大小。	把調味料放入湯鍋內拌勻，再放入雞肉拌勻醃 10 分鐘。	放入泡菜、4 杯牛骨高湯（800㎖）、泡菜汁以大火煮滾，蓋鍋蓋轉中火續煮 25 分鐘。	放入洋蔥、午餐肉、黃豆芽、蔥片、青陽辣椒，以中火燒煮 5 分鐘即可，並不時攪拌一下。

⏱ 50 ～ 55 分鐘
△ 3 ～ 4 人份
🅿 冷藏 2 天

- 帶骨雞肉切塊 1 盒（1kg）
- 章魚 2 ～ 3 尾（500g）
- 珠蔥 5 把（40g）
- 娃娃菜 7 片（手掌大小，或白菜 4 片，210g）
- 食用油 1 大匙
- 水 3½ 杯（700㎖）

調味料
- 韓國辣椒粉 3 大匙
- 砂糖 1 大匙
- 蒜末 2 大匙
- 釀造醬油 1½ 大匙
- 韓式辣椒醬 3 大匙
- 芝麻油 ½ 大匙
- 黑胡椒粉 ¼ 小匙

延伸做法
- 可搭配刀切麵享用：將 1 包（150g）刀切麵條按包裝標示煮熟加入鍋中。

香辣章魚炒雞湯

1
雞肉按照 P145 步驟①～③處理，再與調味料拌勻醃 15 分鐘。珠蔥、娃娃菜切成一口大小，章魚處理乾淨。

＊章魚處理參考 P13。

2
在熱好的深湯鍋中加入食用油，放入步驟①的雞肉以中火拌炒 3 分鐘。

3
倒入 3½ 杯水（700㎖）以大火煮滾，蓋鍋蓋轉中火燒煮 25 分鐘，加娃娃菜拌勻，再蓋回鍋蓋煮 3 分鐘。

4
把雞肉、娃娃菜用湯勺推至一邊，騰出空位放入章魚、珠蔥，再煮 3 分鐘。

炒雞排組合技

4 道

醬味鮮蔬炒雞排
煎至焦香的雞腿以醬油風味醬汁拌炒，口味甘醇鹹香，絕對是家中孩子的最愛。

⋯→ P151

江原道風辣炒雞排湯
香氣濃郁的薺菜、馬鈴薯與娃娃菜等豐富配料，做成湯汁濃稠的辣炒雞排湯。

⋯→ P151

香辣海鮮炒雞排
嚐得到滿滿的海鮮與雞腿肉，令人聯想到韓國人氣美食「辣燉海鮮」。

⋯→ P154

奶油白醬炒雞排
鮮奶油與生蛋黃融入醬汁，是道口感柔和又奶香四溢的西式炒雞排。

⋯→ P155

江原道風辣炒雞排湯⋯▶ P153

醬味鮮蔬炒雞排⋯▶ P152

醬味鮮蔬炒雞排

⏱ 20 ～ 25 分鐘
⌂ 2 ～ 3 人份
◎ 冷藏 2 天

- 去骨雞腿肉 4 片 [1]
  （或雞胸肉，400g）
- 綜合蔬菜 200g
  （地瓜、大蔥、高麗菜、
  洋蔥、紅蘿蔔等）
- 食用油 1 大匙＋1 大匙
- 鹽 1 小匙

醃料
- 清酒 1 大匙（或韓國燒酒）
- 鹽 ½ 小匙
- 研磨黑胡椒粉少許

調味料
- 釀造醬油 1 大匙
- 美乃滋 1 大匙
- 果寡糖 1 大匙
  （或玉米糖漿、蜂蜜）

延伸做法
- 可將韓國年糕條
  （150g）用滾水煮至軟
  化，加入步驟⑦與醬汁
  一起拌炒。

1
用刀尖在雞腿肉雞皮那面
刺 4 ～ 5 刀。

2
將雞腿切成 2 ～ 3 大塊。

3
把切好的雞腿肉與醃料拌
勻。調味料放入小碗內拌
成醬汁。

4
綜合蔬菜切成一口大小。

5
在熱好的鍋中加入 1 大匙
食用油，放入綜合蔬菜、
鹽巴以大火拌炒 3 ～ 4
鐘，將蔬菜炒出微微焦色
後盛出備用。

6
重新熱好鍋後加入 1 大匙
食用油，雞腿肉先皮朝下
以大火將兩面各煎 2 分
30 秒至金黃。

7
加入醬汁，邊煎邊翻面繼
續煎 2 分鐘。

8
放入步驟⑤的蔬菜拌炒 1
分鐘。

1. 韓國雞腿肉一片約 100g，台灣市售一片約 160 ～ 190g 不等，請斟酌雞腿肉大小或可切 4 ～ 6 塊。

江原道風辣炒雞排湯

⏱ 50～55 分鐘
🍽 3～4 人份

- 去骨雞腿肉 5 片（500g）
- 薺菜 5 把（或水芹，100g）
- 娃娃菜 5 片（手掌大小，或白菜 3 片，150g）

- 洋蔥 ¼ 顆（50g）
- 大蔥 20cm
- 青陽辣椒 2 條
- 馬鈴薯 1 個（或地瓜，200g）
- 韓國年糕條 1⅓ 杯（200g）

湯頭材料
- 熬湯用小魚乾 25 尾（25g）
- 昆布 5×5cm 3 片
- 水 7 杯（1.4ℓ）

醃料
- 韓國辣椒粉 1 大匙
- 蒜末 1 大匙
- 清酒 1 大匙
- 鹽 ¼ 小匙
- 薑末 1 小匙
- 韓式辣椒醬 1 小匙
- 黑胡椒粉少許

調味料
- 韓國辣椒粉 2 大匙
- 韓國魚露 1 大匙（玉筋魚或鯷魚）

延伸做法
- 可搭配烏龍麵、韓國細麵或Q拉麵享用：將麵條加入步驟⑧一起煮熟，或將麵條另外煮熟，最後再加入。

1
在熱好的湯鍋中放入小魚乾，以中火乾炒 1 分鐘。
＊也可把魚乾鋪在耐熱容器裡，微波加熱 1 分鐘。

2
放入其他湯頭材料轉中小火煮 25 分鐘，用濾網撈出昆布、小魚乾。
＊高湯應有 6 杯（1.2ℓ）量，不夠時加水補足。

3
用刀尖在腿肉雞皮面刺 4～5 刀，再切成一口大小與醃料拌勻醃 30 分鐘。

4
將枯黃的薺菜摘除，用刀刮除根部的鬚根與泥土。

5
大碗內倒入蓋過薺菜的清水，將薺菜抓洗乾淨撈出瀝乾。

6
娃娃菜先縱切對半，再切成 4cm 的長段，洋蔥切成粗條，大蔥、青陽辣椒斜切成片，馬鈴薯切成帶皮薄圓片。

7
把調味料、步驟③的雞腿肉、馬鈴薯、年糕，放入步驟②的湯鍋中以大火煮滾，再轉中火煮 15 分鐘。

8
放入娃娃菜、洋蔥煮 5 分鐘，再加蔥片、青陽辣椒、薺菜煮 3 分鐘。
＊也可像火鍋一樣，以小火邊煮邊吃。

🕐 **40～45 分鐘**　🍽 **2～3 人份**

- 去骨雞腿肉 2 片（200g）
- 章魚 1 尾（140g）
- 蝦子 6 隻（180g）
- 高麗菜 3 片（手掌大小，90g）
- 洋蔥 ½ 顆（100g）
- 大蔥 20cm
- 青陽辣椒 1 條
- 食用油 1 大匙

調味料
- 韓國辣椒粉 2 大匙
- 蒜末 1½ 大匙
- 清酒 2 大匙
- 釀造醬油 1⅓ 大匙
- 料理酒 1½ 大匙
- 果寡糖 3 大匙
- 韓式辣椒醬 3½ 大匙
- 芝麻油 1 大匙
- 白芝麻粒 1 小匙
- 黑胡椒粉 ¼ 小匙

延伸做法
- 可取一部分稍微切小，與白飯、海苔碎片一起以紫蘇油拌炒，做成香辣夠味的炒飯。

海鮮雞排炒飯 延伸

香辣海鮮炒雞排

1

將蝦子、章魚處理乾淨，去骨雞腿肉切成一口大小。調味料放入小碗內拌成醬料。

＊帶殼蝦入菜處理參考 P12。
＊章魚處理參考 P13。

2

高麗菜、洋蔥切成一口大小，大蔥、青陽辣椒斜切成片。

3

在熱鍋中加入食用油，以小火爆香蔥片 1 分鐘，將雞腿肉皮朝下放入鍋內，加高麗菜、洋蔥轉中火炒 1 分鐘。

4

轉中小火繼續炒 5 分鐘，再加醬料、章魚、蝦子、青陽辣椒炒 5 分鐘。

延伸 奶油白醬雞排義大利麵

⏱ **25 ～ 30 分鐘**
△ **2 ～ 3 人份**

- 去骨雞腿肉 3 片 [1]
  （或雞胸肉，300g）
- 洋蔥 ½ 顆（100g）
- 蘑菇 5 朵
  （或其他菇類，100g）
- 蒜頭 5 粒（25g）
- 青陽辣椒 1 條（可省略）
- 生蛋黃一顆
- 鮮奶油 1 杯（200㎖）
- 鹽 1 小匙
- 食用油 1 大匙
- 研磨黑胡椒粉少許
  （可省略）

延伸做法

- 可將 1 把（70g）義大
  利麵按包裝標示煮熟後
  加入，做成奶油白醬雞
  排義大利麵。

奶油白醬炒雞排

1
洋蔥用十字刀法切成 4 等分，蘑菇按形狀厚切成 2 ～ 3 片，蒜頭切片、青陽辣椒切成辣椒圈，去骨雞腿肉切成 3 塊。

2
在熱鍋中加食用油，雞腿雞皮朝下放入鍋內，以中小火將兩面各煎 2 ～ 3 分鐘至熟。

3
放入蘑菇、洋蔥、蒜片轉大火拌炒 2 ～ 3 分鐘，再加青陽辣椒、鮮奶油、鹽巴拌炒 5 分鐘。

4
加入研磨黑胡椒粉、生蛋黃快速拌勻。

＊若覺得醬汁太濃稠，可加鮮奶油調整。

---

1. 韓國雞腿肉一片約 100g，台灣市售一片約 160 ～ 190g 不等，請斟酌雞腿肉大小或可切 5 ～ 6 塊。

燉燒海鮮組合技
6 道

辣燉魷魚豬五花
鮮甜魷魚搭配油香四溢的豬五
花和黃豆芽，做法簡單又美
味。
⋯▶ P157

明太魚卵燉黃豆芽
以Q彈鹹香的明太魚卵和魚卵
巢煮成的重口味料理，超適合
當作下酒配菜。
⋯▶ P157

辣燉小章魚豬五花
以當季美味的小章魚與豬五花
肉片拌炒，是道極富口感的香
辣燉菜。
⋯▶ P160

香蒜辣椒炒海鮮
不僅向西班牙特色料理「香蒜
辣蝦（Gambas）」致敬，也
適合用來招待親友。
⋯▶ P161

杏鮑菇炒大蝦
用大尾蝦仁、彩椒、杏鮑菇與
蠔油醬汁，一起拌炒成的美味
料理。
⋯▶ P162

辣炒章魚黃豆芽
Q彈章魚、脆口黃豆芽與清香
水芹，再搭配香辣醬料快炒而
成的美味料理。
⋯▶ P163

明太魚卵燉黃豆芽 ⋯➔ P159

辣燉魷魚豬五花 ⋯➔ P158

辣燉魷魚豬五花

⏱ **35 ～ 40 分鐘**
◠ **2 ～ 3 人份**
▣ 冷藏 **2 天**

- 魷魚 1 尾
  （270g，處理後 180g）
- 豬五花肉條 300g
  （或豬胛心肉）
- 黃豆芽 4 把（200g）
- 水 ½ 杯（100㎖）
- 食用油 1 大匙

調味料
- 韓國辣椒粉 2 ½ 大匙
- 砂糖 1 大匙
- 蔥末 2 大匙
- 蒜末 1 大匙
- 釀造醬油 2 大匙
- 清酒 1 大匙
- 黑胡椒粉 ½ 小匙

延伸做法
- 可將 1 把（70g）韓國
  細麵按包裝標示煮熟，
  一起搭配享用。

1　魷魚處理乾淨，身體部分先縱切對半，再切成 1cm 寬的粗條，腳切成 3cm 長段。

＊剪開魷魚處理參考 P13。

2　五花肉條切成 3cm 寬的肉片。

3　把調味料放入大碗內拌成醬料，並取出 1 大匙醬料備用。

4　魷魚、五花肉放入大碗，與醬料拌勻醃 10 分鐘。

5　黃豆芽洗淨後將水瀝乾。

6　在熱好的深平底鍋中加入食用油，放入醃好的步驟④以大火拌炒 1 分鐘。

7　加黃豆芽、½ 杯水（100㎖）蓋上鍋蓋轉小火煮 5 ～ 6 分鐘。

＊請全程蓋鍋蓋，黃豆芽才不會有腥味。

8　開蓋加入預留的 1 大匙醬料，拌炒 30 秒。

明太魚卵燉黃豆芽

⏱ **35～40 分鐘**
⌂ **2～3 人份**
▣ 冷藏 2 天

- 冷凍明太魚卵、魚卵巢 600g
- 黃豆芽 8 把（400g）
- 水芹 1 把（70g）
- 大蔥 20cm
- 青陽辣椒 1 條
- 水 ½ 杯（100㎖）
- 太白粉水（馬鈴薯太白粉 1 大匙＋水 2 大匙）
- 白芝麻粒 1 大匙
- 芝麻油 1 大匙
- 鹽少許

調味料
- 韓國辣椒粉 4 大匙
- 砂糖 1 大匙
- 蒜末 2 大匙
- 水 2 大匙
- 清酒 2 大匙
- 蠔油 2 大匙
- 黑胡椒粉少許

延伸做法
- 可將韓國年糕（150g）用滾水煮軟，在最後加入鍋中享用。
- 搭配蘸醬美味加倍：將 1 大匙冷開水、2 大匙釀造醬油、1 小匙韓國黃芥末醬拌均勻。

1 大碗內倒入蓋過冷凍明太魚卵、魚卵巢的清水與 2 大匙清酒，放入冰箱冷藏解凍 30 分鐘後撈出瀝乾。

2 把調味料放入大碗內拌勻，用手輕輕將魚卵、魚卵巢的水擠乾後，放入大碗內與醬料拌勻。

＊輕輕擠就好，太用力會將魚卵與魚卵巢擠破。

3 黃豆芽洗淨後將水瀝乾。

4 水芹切成 5cm 長段，大蔥、青陽辣椒斜切成片。

5 把黃豆芽、步驟②的魚卵與魚卵巢、½ 杯水（100㎖），按順序放入湯鍋。

6 蓋上鍋蓋以中火燒煮 2 分鐘，再轉中小火續煮 10 分鐘。

＊請全程蓋上鍋蓋，黃豆芽才不會有腥味。

7 放入水芹、蔥片、青陽辣椒，轉大火攪煮 1 分鐘。

＊輕輕攪拌就好，太用力會將魚卵攪碎。

8 放入拌勻的太白粉水攪拌，加白芝麻粒、芝麻油，關火依口味加鹽調味。

🕐 **30 ～ 35 分鐘**

🍽 **2 ～ 3 人份**　🧊 **冷藏 2 天**

- 小章魚 6 ～ 8 尾（500g）
- 豬五花火鍋肉片 150g
  （或豬五花肉條）
- 高麗菜 3 片（手掌大小，
  或洋蔥 ½ 顆，90g）
- 韓國芝麻葉 5 片
- 大蔥 30cm
- 辣椒油 1 大匙（或食用油）

調味料
- 青陽辣椒 1 條（切成末）
- 砂糖 2 大匙
- 韓國辣椒粉 2 大匙
- 馬鈴薯太白粉 1 大匙
- 蒜末 1 大匙
- 清酒 1 大匙
- 釀造醬油 ½ 大匙
- 韓式辣椒醬 2 大匙
- 美乃滋 1 大匙
- 黑胡椒粉 ½ 小匙

延伸做法

- 搭配蘸醬美味加倍：將 5 大
  匙美乃滋、1 小匙韓國黃芥
  末醬攪拌均勻即可。

辣燉小章魚豬五花

1

把調味料放入小碗內拌成
醬料。

2

將小章魚處理乾淨，高麗
菜、芝麻葉切成一口大
小，大蔥斜切成片。

＊小章魚處理參考 P13。

3

在熱好的鍋中加入辣椒
油，放入蔥片、豬五花肉
片以大火拌炒 2 分鐘，加
高麗菜炒 1 分鐘，再倒入
醬料炒 30 秒。

4

放入小章魚，蓋上鍋蓋蒸
煮 2 分鐘，開蓋拌炒 2 ～
3 分鐘，最後加芝麻葉攪
拌勻。

延伸 搭配麵包

⏱ 25 ～ 30 分鐘
△ 2 ～ 3 人份

- 新鮮蝦仁 25 隻（250g）
- 吐過沙的花蛤 1 包（或
  吐過沙的海瓜子，200g）
- 蒜頭 10 粒（50g）
- 大蔥 15cm
- 義大利乾辣椒香料 2 小匙
  （Peperoncino，或其他
  乾辣椒 ½ 條，按口味增減）
- 橄欖油 3 大匙＋¾ 杯
  （150㎖）
- 清酒 1 大匙（或韓國燒酒）
- 研磨黑胡椒粉少許
- 鹽少許

延伸做法

- 可用等量（250g）的蛤
  蜊肉或蝦子替代蝦仁。
- 或搭配麵包享用：用麵
  包蘸橄欖油醬汁或把海
  鮮放在麵包上。

香蒜辣椒炒海鮮

1

將花蛤處理乾淨，準備好
蝦仁。

＊花蛤處理參考 P12。

2

蒜頭切成薄片，大蔥切成
蔥花。

3

在熱好的深平底鍋中加入
3 大匙橄欖油，以中火爆
香蒜片、義大利乾辣椒、
蔥花 2 分鐘，再放入花
蛤、清酒炒 1 分鐘。

4

轉成小火，倒入¾ 杯
（150㎖）橄欖油炒 2 分
鐘，放入蝦仁拌炒 3 分
鐘，關火加研磨黑胡椒粉
拌勻，加鹽調味。

🕐 **20 ～ 25 分鐘**
⌒ **2 ～ 3 人份**

- 蝦子 8 ～ 9 隻
  （或冷凍大蝦仁 12 ～ 13 隻，
  約 250g）
- 杏鮑菇 1 朵（80g）
- 彩椒 1 個（或青椒，200g）
- 蒜頭 3 粒（15g）
- 清酒 1 大匙
- 蠔油 1 大匙（按口味增減）
- 食用油 2 大匙

延伸做法

- 可取出一部分稍微切小，與白飯一起用奶油拌炒，做成香氣十足的鮮蝦杏鮑菇炒飯。

杏鮑菇炒大蝦

1
將蝦子的外殼與蝦頭剝除，彩椒切成一口大小，蒜頭切片。

＊剝除蝦殼處理參考 P12。

2
杏鮑菇先縱切對半，再切成 0.3cm 厚的片狀。

3
在熱鍋中加入食用油，小火將蒜片炒 2 分鐘至金黃後盛出。

4
重新熱好鍋後，放入蝦仁、清酒、蠔油以大火炒 3 分鐘，再放入杏鮑菇、彩椒炒 1 分鐘，加炒好的蒜片拌勻。

⏱ **20 ～ 25 分鐘**
△ **2 ～ 3 人份**

• 章魚 3 尾（420g）
• 黃豆芽 3 把（150g）
• 水芹 ½ 把（或茼蒿、珠蔥，35g）
• 洋蔥 ¼ 顆（50g）
• 大蔥 10cm（斜切成片）
• 芝麻油 1 小匙
• 白芝麻粒少許
• 黑胡椒粉少許
• 太白粉水（馬鈴薯太白粉 ½ 大匙
　＋水 1 大匙）

調味料
• 韓國辣椒粉 2 大匙
• 砂糖 1 大匙
• 蒜末 1 大匙
• 清酒 1 大匙（或韓國燒酒）
• 釀造醬油 1 大匙
• 芝麻油 1 大匙

延伸做法

• 可在最後加入 1 條切碎的青陽
　辣椒。

• 或取一部分稍微切小，與白
　飯、海苔碎片一起以紫蘇油拌
　炒，做成香噴噴的炒飯。

辣炒章魚黃豆芽

1
黃豆芽以清水洗淨後瀝
乾。 水芹切成5cm長
段，洋蔥切成1cm寬的
粗條。

2
將章魚處理乾淨。調味料
放入小碗內拌成醬料。
＊章魚處理參考 P13。

3
在熱好的深平底鍋中放入
章魚、黃豆芽、洋蔥，大
火拌炒 1 分鐘，再加入蔥
片、醬料炒 3 分 ～ 3 分
30 秒。

4
放入水芹、太白粉水拌
炒 30 秒，關火後加芝麻
油、白芝麻粒、黑胡椒粉
攪拌均勻。

煎烤鮮魚組合技 4 道

乾煎土魠魚佐油淋醬汁
將裹太白粉的土魠魚煎
至金黃，搭配酸甜的油
淋醬一起享用。

···▶ P165

烙烤雙味明太魚乾
將泡軟的明太魚乾刷
上醬油或辣味醬料，
並烤得金黃誘人。

···▶ P165

薑絲蜜汁鯖魚
煎得金黃的鯖魚搭配
薑絲與香甜醬汁燒
煮，美味驚豔上桌。

···▶ P168

香煎鰈魚佐甜蔥醬汁
煎至金黃的鰈魚搭配
甜蔥醬汁，聞來香氣
四溢。

···▶ P169

醬燒鮮魚組合技 4 道

土魠魚泡菜卷
用泡菜將土魠魚塊捲
起來，放入香辣醬汁
烹煮成美味燉菜。

···▶ P170

**香辣白帶魚
燒獅子唐辛子**
白帶魚搭配獅子唐辛
子與香辣醬料燒煮，
湯汁濃稠超下飯。

···▶ P172

大醬鯖魚燒白菜
鮮美的鯖魚與清甜白
菜，搭配甘醇的韓式
味噌醬燉煮成。

···▶ P174

醬燒鰈魚杏鮑菇
將鰈魚、杏鮑菇與大
蔥等食材，以醬油風
醬汁澆淋煨煮。

···▶ P175

烙烤雙味明太魚乾
···▸ P167

乾煎土魠魚佐油淋醬汁
···▸ P166

乾煎土魠魚佐油淋醬汁

⏱ **30 ～ 35 分鐘**
🍽 **2 ～ 3 人份**

- 處理好的土魠魚
  ½ ～ 1 尾（可用市售
  輪切魚片，或鯖魚
  ，400g）
- 洋蔥 ½ 顆（100g）
- 馬鈴薯太白粉 5 大匙
  （50g）
- 食用油 4 大匙

醃料
- 清酒 2 大匙（或韓國燒酒）
- 鹽 ⅓ 小匙

油淋醬汁
- 紅辣椒 1 條（切碎，
  或彩椒、青椒，20g）
- 砂糖 ½ 大匙
- 白醋 3 大匙
- 蜂蜜 1 大匙（或果寡糖）
- 釀造醬油 1 ½ 大匙
- 冷開水 1 大匙

延伸做法
- 搭配微苦帶澀的營養韭菜或蘿蔔嬰享用，滋味更豐富。

1. 將土魠魚切成 3cm 寬的魚塊，與醃料拌勻醃 10 分鐘。

2. 洋蔥切細絲，用冷開水浸泡 10 分鐘去辛辣味後撈出瀝乾，並取廚房紙巾將水分吸乾。

3. 把油淋醬汁材料放入小碗內攪拌均勻。

4. 用廚房紙巾包覆魚塊，將多餘水分吸乾。

5. 把魚塊、太白粉放入塑膠袋中搓揉，讓魚塊均勻裹上太白粉。

6. 在熱鍋中加入食用油，魚皮朝下放入鍋內，以大火將魚兩面各煎 1 分～ 1 分 30 秒至金黃。

7. 將煎好的魚塊鋪在廚房紙巾上，吸乾多餘油脂。

8. 把洋蔥絲鋪在盤底，放上土魠魚塊，均勻淋上油淋醬汁。

* 要吃之前再淋更美味，或將醬汁另外裝。

烙烤雙味明太魚乾

⏱ 20～25 分鐘
👥 2～3 人份
🧊 冷藏 3 天

- 明太魚乾 1 尾（70g）
- 食用油 1 大匙
- 芝麻油 1 大匙

調味料 1＿辣醬口味
- 洋蔥末 2 大匙
- 蔥末 1 大匙
- 水 2 大匙
- 玉米糖漿 1 大匙
  （或果寡糖）
- 韓國梅子醬 1 大匙
  （或料理酒）
- 番茄醬 1 大匙
- 韓式辣椒醬 2½ 大匙
- 砂糖 1 小匙

- 蒜末 1 小匙
- 芝麻油 1 小匙

調味料 2＿醬油口味
- 洋蔥末 2 大匙
- 蔥末 1 大匙
- 水 2 大匙
- 釀造醬油 2 大匙
- 玉米糖漿 1 大匙
  （或果寡糖）
- 韓國梅子醬 1 大匙
  （或料理酒）
- 砂糖 1 小匙
- 蒜末 1 小匙
- 芝麻油 1 小匙

延伸做法

- 可做成香酥雙醬炸魚乾：至步驟③後，將明太魚乾切成一口大小。把 5 大匙太白粉放在盤內，魚乾裹上薄粉。熱鍋，加入 4 大匙食用油，以中火煎炸魚乾 3～5 分鐘。另起一鍋把喜歡的醬料以小火煮滾，放入魚乾拌炒 1 分鐘至均勻裹上醬料。

1 選擇喜歡的口味，把該口味的調味料放入小碗內拌成醬料。

2 明太魚乾用冷水充分泡濕後，擠乾水分。

3 用剪刀將魚尾及魚鰭剪掉（照片圓框處）。

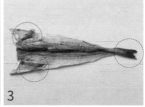

4 把魚乾均切成 2 片，每片兩側以 2cm 為間距用剪刀剪出缺口。

＊請按家中平底鍋大小，切成 2～4 片。

5 在熱鍋中加入食用油、芝麻油，魚肉朝下放入鍋內，以中小火煎 3 分鐘後翻面煎 3 分鐘。

6 在魚肉兩面均勻刷上醬料，用邊煎邊翻面的方式，再煎 5～6 分鐘。

🕐 **20 ～ 25 分鐘**
🍽 **2 ～ 3 人份**

- 處理好的鯖魚 ½ ～ 1 尾
  （可用市售魚片，或土魠
  魚，300g）
- 珠蔥 3 根（切成蔥花，或
  大蔥 10cm，25g）
- 食用油 1 大匙

調味料
- 薑 4 小塊（切成薑絲，20g）
- 水 2 大匙
- 清酒 1 大匙（或韓國燒酒）
- 釀造醬油 1 大匙
- 蜂蜜 1 大匙
- 砂糖 1 小匙

延伸做法

- 可在步驟④加入 1 條切
  碎的青陽辣椒，與醬汁
  一起煎炒。

薑絲蜜汁鯖魚

1

把調味料放入小碗內拌成
醬汁。鯖魚洗淨後用廚房
紙巾包覆，將水分吸乾。

＊水要完全吸乾才不會有腥
臭味。

2

從鯖魚魚背入刀，劃出
2 ～ 3 條刀痕。

3

在熱鍋中加入食用油，魚
皮朝下放入鍋內，以中火
邊煎邊翻面煎 4 ～ 5 分鐘
至金黃。

＊請按家中平底鍋大小，分
次煎煮。

＊煎鯖魚容易噴油，請小心。

4

倒入醬汁轉大火，用邊煎
邊翻面的方式煎 1 ～ 2 分
鐘，煎到醬汁幾乎收乾
後，盛盤撒上蔥花。

＊請按鯖魚大小，增減煎的
時間。

⏱ **20 ～ 25 分鐘**
△ **1 ～ 2 人份**
🔲 **冷藏 2 天**

- 處理好的鰈魚 1 ～ 2 尾
  （或鯛魚，約 400g）
- 食用油 1 大匙

甜蔥醬汁
- 大蔥 20cm
- 果寡糖 1 大匙
- 釀造醬油 2 大匙
- 食用油 ¼ 杯（50㎖）

延伸做法
- 可用等量（1 大匙）辣
  椒油替代食用油煎魚。

香煎鰈魚佐甜蔥醬汁

1
鰈魚洗淨後用廚房紙巾包
覆，將水分吸乾，接著從
魚背入刀，劃出 2 ～ 3 條
刀痕。

＊水分要完全吸乾才不會有
腥臭味。

2
把大蔥以外的醬汁材料放
入小碗內拌勻。大蔥切成
5cm 長段，再切成細絲。

3
在熱鍋中加入食用油，放
入鰈魚以中小火煎 5 分鐘
後翻面。

＊請按家中平底鍋大小，分
次煎煮。

4
放入醬汁、蔥絲以大火煮
滾後，再轉成中小火煎煮
3 ～ 5 分鐘。

土魠魚泡菜卷

⏱ **45～50 分鐘**
△ **2～3 人份**
▣ 冷藏 **2 天**

- 處理好的土魠魚
  ½～1 尾（可用市售
  輪切魚片，或鯖魚，
  400g）
- 熟成白菜泡菜 8 片
  （330g）
- 大蔥 15cm
- 青陽辣椒 1 條（按口味
  增減，可省略）
- 熬湯用小魚乾 20 尾
  （20g）
- 昆布 5×5cm 2 片
- 鹽少許

醃料
- 清酒 1 大匙
  （或韓國燒酒）
- 黑胡椒粉少許

調味料
- 蒜末 1 大匙
- 清酒 1 大匙
  （或韓國燒酒）
- 韓式辣椒醬 1 大匙
- 食用油 4 大匙
- 韓國辣椒粉 2 小匙
- 水 2 杯（400㎖）
- 黑胡椒粉少許

延伸做法

- 若用未熟成的泡菜，要
  在 步驟 ⑥ 加 1 大匙 白
  醋來補酸味；或用的是
  老泡菜，則要先沖過清
  水，以免味道過酸。

1

將土魠魚切成 4cm 寬的
魚塊 8 份，再與醃料拌勻
醃 5 分鐘。

2

大蔥、青陽辣椒斜切成
片。調味料放入大碗內拌
成醬汁。

3

把泡菜上的醃料拿掉，取
一片泡菜，將魚塊放在泡
菜根部捲起來。

4

用相同方式將剩下的土魠
魚做成泡菜卷。

5

將泡菜卷接縫處朝下放入
湯鍋中，再加入小魚乾與
昆布。

6

加入醬汁與一半的蔥片以
大火煮滾後，計時燒煮 3
分鐘。

7

蓋鍋蓋轉中小火續煮 30
分鐘，期間不時把醬汁澆
淋在泡菜卷上。

＊不時晃動鍋子以防燒焦。

8

放入剩餘蔥片、青陽辣椒
煮 1 分鐘，並把醬汁澆淋
在所有食材上，依喜好加
鹽調味。

香辣白帶魚燒獅子唐辛子

⏱ **30～35 分鐘**
🍽 **2～3 人份**
❄ **冷藏 2～3 天**

- 處理好的白帶魚 1 尾
  （切成 4～5 段，或
  鰈魚、鯧魚，200g）
- 獅子唐辛子 20 條
  （或糯米椒、青椒，
  100g）
- 洋蔥 ½ 顆（100g）
- 大蔥 30cm（切成斜片）
- 青陽辣椒 1 條
  （按口味增減）

湯頭材料
- 熬湯用小魚乾 25 尾
  （25g）
- 昆布 5×5cm 3 片
- 水 2 杯（400㎖）

調味料
- 韓國辣椒粉 2 大匙
- 蒜末 1 大匙
- 料理酒 1½ 大匙
- 釀造醬油 1 大匙
- 韓式辣椒醬 1½ 大匙
- 食用油 1 大匙

> **延伸做法**
> - 可用等量（100g）白蘿
>   蔔替代洋蔥，將白蘿蔔
>   切成 0.5cm 厚的片狀即
>   可。

1

在熱好的湯鍋中放入小魚
乾以中火乾炒 1 分鐘，
放入其他湯頭材料轉中小
火煮 25 分鐘後，撈出昆
布、小魚乾，將煮好的高
湯舀入大碗內。

＊高湯應有 1 杯（200㎖）
的量，不夠時加水補足。

2

白帶魚洗淨後用廚房紙巾
包覆將水分吸乾，在魚身
的一側以 2cm 為間距劃
出刀痕。

3

獅子唐辛子斜切 2～3
段，洋蔥切成 1cm 寬的
粗條，青陽辣椒切斜片。

4

把調味料放入小碗內拌成
醬料。

5

洋蔥條鋪在寬底湯鍋中，
依序放入一半的醬料→步
驟①的高湯→白帶魚→另
一半的醬料→青陽辣椒。

6

以大火煮滾後，計時煮 2
分鐘，蓋上鍋蓋轉中小火
再煮 5 分鐘。

7

開鍋蓋，放入獅子唐辛
子、蔥片煮 5 分鐘，並不
時把醬汁澆淋在食材上。

🕐 **30 ～ 35 分鐘**
🍽 **2 ～ 3 人份** 📦 冷藏 **2 天**

- 處理好的鯖魚 ½ ～ 1 尾
  （可用市售魚片，或土魠魚 ½ 尾、
  秋刀魚 2 尾，約 300g）
- 娃娃菜 7 片（手掌大小，
  或白菜 4 片，210g）
- 大蔥 15cm
- 青陽辣椒 2 條（按口味增減）

醃料
- 清酒 1 大匙（或韓國燒酒）
- 鹽 ⅓ 小匙
- 黑胡椒粉少許

調味料
- 蒜末 1 大匙
- 料理酒 2 大匙
- 釀造醬油 ½ 大匙
- 韓式味噌醬 2 大匙（按鹹度增減）
- 薑末 1 小匙
- 水 1 ½ 杯（300㎖）

延伸做法
- 將其中 1 大匙韓式味噌醬換成
  韓式辣椒醬，滋味更豐富。

大醬鯖魚燒白菜

1

在鯖魚身上劃出 2 ～ 3 條
刀痕，與醃料拌勻醃 10
分鐘。調味料放入大碗內
拌成醬汁。

2

娃娃菜切成一口大小，大
蔥、青陽辣椒斜切成片。

3

將食材按娃娃菜→鯖魚→
蔥片→青陽辣椒的順序放
入湯鍋，均勻倒入醬汁後
以大火煮滾。

＊將娃娃菜鋪在鍋底，煮熟
後會更加入味。

4

蓋上鍋蓋轉中小火煮
10 ～ 13 分鐘，開蓋把醬
汁反覆澆淋在鯖魚上，再
煮 3 ～ 5 分鐘至醬汁收乾
變濃為止。

⏱ **25～30 分鐘**
△ **2～3 人份**
🗇 **冷藏 2 天**

- 處理好的鰈魚 1～2 尾
  （中型尺寸，或鯧魚、
  白帶魚，300g）
- 杏鮑菇 3 朵
  （或其他菇類，240g）
- 大蔥 15cm

調味料
- 砂糖 ½ 大匙
- 蒜末 ½ 大匙
- 釀造醬油 2 大匙
- 料理酒 1 大匙
- 水 ¾ 杯（150㎖）

延伸做法

- 可在步驟④加入 1 條斜
  切成片的青陽辣椒，與
  大蔥一起燒煮。

醬燒鰈魚杏鮑菇

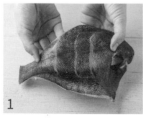

1

鰈魚洗淨後用廚房紙巾包
覆，將水分吸乾，接著從
魚背入刀劃出 3 條刀痕。

2

杏鮑菇先縱切對半，再切
成 1cm 厚的片狀，大蔥
斜切成片。調味料放入小
碗內拌成醬汁。

3

將食材按杏鮑菇→鰈魚→
醬汁的順序放入湯鍋，以
大火煮滾後，轉中火煮 5
分鐘，期間把醬汁反覆澆
淋在鰈魚上，再蓋上鍋蓋
續煮 5 分鐘。

4

開蓋放入蔥片再煮 5 分鐘
即可，期間繼續把醬汁澆
淋在食材上。

生魚片＆生牛肉組合技
3 道

涼拌酸辣生魚片

每一口都能品嘗到，有著甜辣醬汁、脆口蔬菜與冰鮮魚片交織出的豐富口感。

⋯→ P177

比目魚生魚片拌韭菜＆老泡菜

香辣爽脆的涼拌韭菜、韓國芝麻葉與白肉魚片，搭配帶芝麻油香氣的老泡菜一起上桌。

⋯→ P178

韓式雙味生牛肉

喜歡甘醇鹹香的醬油口味，還是開胃下飯的辣醬口味？自己動手做喜愛的涼拌生牛肉吧！

⋯→ P180

⏱ 15 ～ 20 分鐘
🍽 3 ～ 4 人份

- 市售比目魚生魚片 200g
  （或其他生魚片，按口味增減）
- 高麗菜 5 片（手掌大小，150g）
- 韓國芝麻葉 20 片（或水芹）
- 小黃瓜辣椒 2 條（50g）
- 花生 1 大匙（或其他堅果，10g）

調味料
- 砂糖 1 大匙
- 白醋 1½ 大匙
- 韓式辣椒醬 4 大匙
- 白芝麻粒 1 小匙
- 蒜末 1 小匙
- 芝麻油 1 小匙

延伸做法

- 可做成水拌生魚片：將 3 大匙砂糖、1 大匙韓式湯用醬油、2 大匙韓式辣椒醬、1 小匙蒜末、3 杯冰開水（600 ㎖）、½ 杯白醋（100 ㎖）、1 小匙芝麻油、1 大匙白芝麻粒拌勻成湯底，再將生魚片加入。

涼拌酸辣生魚片

1
將芝麻葉的蒂頭切除，切成 1cm 寬的粗條，高麗菜切成 1×5cm 的粗條。

2
把花生外膜剝除，以廚房紙巾包起稍微敲碎，小黃瓜辣椒斜切成片。

3
將調味料放入大碗內拌成醬料。

4
高麗菜、芝麻葉、小黃瓜辣椒放入步驟③的大碗內拌勻，再加生魚片輕輕抓拌，盛盤後撒上花生碎。

比目魚生魚片拌韭菜＆老泡菜

⏱ 15～20 分鐘
🍽 3～4 人份

- 市售比目魚生魚片 800g（或其他種類生魚片，按口味增減）
- 長久放置的熟成白菜泡菜 1½ 杯（約 220g）
- 韭菜 1 把（或營養韭菜，50g）
- 洋蔥 ½ 顆（100g）
- 韓國芝麻葉 15 片（或其他萵苣類蔬菜，30g，按口味增減）

調味料＿老泡菜
- 芝麻油 1 大匙
- 砂糖 2 小匙（按口味增減）

調味料＿涼拌韭菜
- 白醋 1 大匙
- 韓式辣椒醬 1 大匙
- 韓國辣椒粉 1 小匙
- 砂糖 1 小匙（按口味增減）
- 山葵醬 1 小匙（按口味增減）

延伸做法

- 可把生魚片、老泡菜、涼拌韭菜，放在韓國芝麻葉（不用切）上包捲起來，變身為招待賓客用的大菜。

1

將泡菜用清水洗淨。

＊若泡菜熟成度不夠，可裝在密封保鮮盒中，放在室溫下 2～3 天。

2

泡菜切成 5cm（或比目魚片長度）的長段，再縱切成 1.5cm 寬的長條。

3

把泡菜用的調味料與泡菜放入大碗內抓勻，用保鮮膜封好後放入冰箱，冷藏至食用前。

4

韭菜切成 4cm 長段，洋蔥切成 0.3cm 寬的細絲。

5

把洋蔥泡冷開水 10 分鐘去辛辣味，再撈出瀝乾。

6

將韓國芝麻葉的蒂頭切除後，縱切對半。

＊或按比目魚片大小切。

7

將涼拌韭菜用的調味料放入大碗內拌勻，放入韭菜、洋蔥絲輕輕抓拌，將所有食材盛盤上桌。

＊吃之前再拌，才不會變軟。
＊可搭配山葵醬與醬油。

香辣生牛肉

醬香生牛肉

韓式雙味生牛肉

⏱ **20 ～ 25 分鐘**
△ **2 ～ 3 人份**

- 新鮮牛臀肉 200g
- 貝比生菜 1 把（25g）
- 水梨 ⅕ 顆（100g）
- 蒜頭 5 粒（50g）
- 生蛋黃 1 顆

調味料 1 __醬油口味
- 砂糖 1 大匙
- 釀造醬油 1 大匙
- 芝麻油 2 大匙
- 白芝麻粒 1 小匙
- 鹽 ½ 小匙

調味料 2 __辣醬口味
- 砂糖 1 大匙
- 韓式辣椒醬 1 大匙
- 芝麻油 2 大匙
- 白芝麻粒 1 小匙
- 釀造醬油 1 小匙

延伸做法
- 可用等量（50g）的營養韭菜替代貝比生菜。

1
選擇喜歡的口味，把該口味調味料放入大碗內拌成醬料。

2
水梨切成 0.5cm 寬的細絲。

3
蒜頭切成粗末。

＊吃之前再切，蒜味會更濃郁。

4
牛臀肉切成 6cm 長、0.5cm 寬的肉絲。

＊或買現成牛臀肉絲。

5
把牛臀肉絲、粗蒜末放入步驟①的醬料大碗內後，再抓拌勻。

6
將水梨絲鋪在盤底，放上拌好的生牛肉與貝比生菜，再放上一顆生蛋黃。

暖心又暖胃

湯品 & 鍋物

韓食餐桌必不可少的湯品鍋物，
運用食材特色替日常湯品創造新穎風味！

家常湯品組合技
8 道

香菇雞蛋湯
用香菇與雞蛋煮成的
溫潤湯品,喝來美味
樸實又順口。

⋯→ P185

櫛瓜雞蛋湯
櫛瓜與雞蛋做成的清
湯,每一口都能喝到
食材原有的鮮甜。

⋯→ P185

魚板馬鈴薯湯
昆布小魚高湯中放入
軟嫩鮮甜的魚板,與
馬鈴薯一起燒煮。

⋯→ P188

雪花牛馬鈴薯湯
牛胸腹肉片與馬鈴薯
一起燒煮,是道香氣
四溢的暖胃湯品。

⋯→ P189

明太子黃豆芽湯
每一口都能感受到黃
豆芽的清爽,與明太
子的鹹香。

⋯→ P190

黃豆芽豆腐醒酒湯
用黃豆芽、豆腐與蝦
醬煮成的湯,一口
喝下神清氣爽。

⋯→ P191

蛋香明太魚乾湯
雞蛋與明太魚乾煮成
的鮮美清湯,也很適
合用來解酒。

⋯→ P192

泡菜明太魚乾湯
沒有太多調料,僅用
熟成泡菜調味成的爽
口湯品。

⋯→ P193

香菇雞蛋湯… ▸ P186

櫛瓜雞蛋湯… ▸ P187

香菇雞蛋湯

🕐 **30～35 分鐘**
🍽 **2～3 人份**
🧊 **冷藏 3～4 天**

- 新鮮香菇 3 朵
  （或其他菇類，75g）
- 雞蛋 1 顆
- 大蔥 20cm
- 韓式湯用醬油 ½ 大匙
- 鹽少許
- 黑胡椒粉少許

湯頭材料
- 熬湯用小魚乾 25 尾
  （25g）
- 昆布 5×5cm 4 片
- 水 7 杯（1.4ℓ）

延伸做法
- 可將 1 把（70g）韓國細麵，按包裝標示煮熟後加入。

1

在熱好的湯鍋中放入小魚乾以中火乾炒 1 分鐘。

＊也可把小魚乾鋪在耐熱容器裡，微波加熱 1 分鐘。

2

放入其他湯頭材料轉中小火煮 25 分鐘後，撈出昆布、小魚乾。

＊高湯應有 6 杯（1.2ℓ）量，不夠時加水補足。

3

香菇切除蒂頭，再切成0.5cm 厚的片狀，大蔥斜切成片。雞蛋打入小碗內拌成蛋液。

4

將香菇放入步驟②的湯鍋中，以大火煮滾，再轉中火燒煮 7 分鐘。

5

均勻倒入蛋液，以中火煮1 分鐘。

＊蛋液凝固了再攪拌，湯頭才會清澈。

6

加入蔥片、湯用醬油、黑胡椒粉以中火煮 1 分鐘，依口味加鹽調味。

櫛瓜雞蛋湯

⏱ 20 ～ 25 分鐘
△ 2 ～ 3 人份
▣ 冷藏 3 ～ 4 天

- 櫛瓜 ½ 條（135g）
- 雞蛋 1 顆
- 洋蔥 ¼ 顆（50g）
- 大蔥 10cm

湯頭材料
- 熬湯用小魚乾 25 尾（25g）
- 昆布 5×5cm 4 片
- 水 7 杯（1.4ℓ）

調味料
- 鹽 1 小匙（按口味增減）
- 蒜末 1 小匙
- 韓式湯用醬油 ½ 小匙
- 黑胡椒粉少許（按口味增減）

延伸做法
- 可搭配麵疙瘩享用：參考 P321 香辣蕈菇麵疙瘩的麵團做法，取一半加入步驟⑥與櫛瓜一起煮熟，或使用市售的生麵疙瘩。

1

在熱好的湯鍋中放入小魚乾以中火乾炒 1 分鐘。

＊也可把小魚乾鋪在耐熱容器裡，微波加熱 1 分鐘。

2

放入其他湯頭材料轉中小火煮 25 分鐘，再撈出昆布、小魚乾。

＊高湯應有 6 杯（1.2ℓ）量，不夠時加水補足。

3

櫛瓜縱切成 4 等分，再切成 0.5cm 厚的扇片狀。

4

洋蔥切成一口大小，大蔥斜切成片。

5

雞蛋打入小碗內攪拌成蛋液，放入蔥片拌勻。

6

將櫛瓜、洋蔥放入步驟②的湯鍋，以大火煮 5 分鐘後，均勻倒入步驟⑤，再轉中火煮 1 分鐘。

＊蛋液凝固了再攪拌，湯頭才會清澈。

⏱ **30 ～ 35 分鐘**
◺ **2 ～ 3 人份**
🔲 **冷藏 3 ～ 4 天**

- 馬鈴薯 1 個（200g）
- 四角魚板 2 片
  （或其他魚板，100g）
- 大蔥 10cm（斜切成片）
- 蒜末 ½ 大匙
- 韓式湯用醬油 1 大匙
- 鹽 ¼ 小匙

湯頭材料
- 熬湯用小魚乾 25 尾（25g）
- 昆布 5×5cm 4 片
- 水 7 杯（1.4ℓ）

延伸做法

- 可將 ⅓ 杯（50g）熟成白
  菜泡菜切成一口大小，
  放入步驟③與馬鈴薯一
  起煮。

魚板馬鈴薯湯

1
在熱好的湯鍋中放入小魚
乾以中火乾炒 1 分鐘，
加入其他湯頭材料轉中小
火煮 25 分鐘後，撈出昆
布、小魚乾。

＊ 高湯應有 6 杯（1.2ℓ）
量，不夠時加水補足。

2
魚板先從長邊對切成 2 等
分，再切成 1.5cm 寬的粗
條，馬鈴薯先用十字刀法
切開，再切成 0.7cm 厚的
片狀。

3
將馬鈴薯放入步驟①的湯
鍋中，蓋鍋蓋以中小火煮
5 分鐘。

4
加入魚板、蒜末、湯用醬
油、鹽，蓋回鍋蓋煮 3 分
鐘，開蓋放入蔥片再煮 1
分鐘。

⊙ **30 ～ 35 分鐘**
△ **2 ～ 3 人份**
⊠ **冷藏 3 ～ 4 天**

- 馬鈴薯 1 個（200g）
- 牛胸腹雪花火鍋肉片 200g
- 大蔥 10cm（斜切成片）
- 蒜末 1 小匙
- 韓式湯用醬油 1 大匙
- 鹽 ¼ 小匙

湯頭材料
- 熬湯用小魚乾 25 尾（25g）
- 昆布 5×5cm 4 片

延伸做法
- 可在最後加入 1 條斜切成片的青陽辣椒。

雪花牛馬鈴薯湯

1

在熱好的湯鍋中放入小魚乾以中火炒 1 分鐘，再加其他湯頭材料轉中小火煮 25 分鐘後，撈出昆布、小魚乾。

＊高湯應有6杯（1.2ℓ）量，不夠時加水補足。

2

馬鈴薯先用十字刀法切開，再切成 0.7cm 厚的片狀。牛胸腹肉片用廚房紙巾吸除血水。

3

將馬鈴薯放入步驟①的湯鍋中，蓋上鍋蓋以中小火煮 5 分鐘，放入牛肉片蓋鍋蓋煮 3 分鐘。

4

開蓋加蔥片、蒜末、湯用醬油、鹽，煮 1 分鐘。

🕐 **25 ～ 30 分鐘**
🍽 **2 ～ 3 人份**
🧊 **冷藏 2 天**

- 黃豆芽 3 把（150g）
- 明太子 3 ～ 4 條
  （80g，按鹹度增減）
- 大蔥 10cm
- 昆布 5×5cm 6 片
- 蒜末 1 小匙
- 鹽少許
- 黑胡椒粉少許
- 水 7 杯（1.4ℓ）

延伸做法

- 可在最後加入 1 條切碎的青陽辣椒，與 1 大匙韓國辣椒粉。

明太子黃豆芽湯

1

黃豆芽以清水洗淨後瀝乾。將明太子醃料用水洗去，切成 2cm 小段，大蔥切成蔥花。

＊注意明太子切太小塊，湯頭容易混濁。

2

將水、昆布放入湯鍋以大火煮滾後，撈出昆布。

3

接著把黃豆芽、明太子、蒜末放入步驟②的湯鍋中，以中火煮 5 分鐘。

＊浮沫請用湯匙或濾勺撈除。

4

關火放入蔥花、黑胡椒粉攪拌 1 分鐘，依喜好加鹽調味。

香辣醒酒湯 延伸

⏱ **40 ～ 45 分鐘**
🍽 **3 ～ 4 人份**
🧊 **冷藏 3 ～ 4 天**

- 黃豆芽 4 把（200g）
- 板豆腐 ⅓ 塊（100g）
- 大蔥 15cm（斜切成片）
- 蒜末 ½ 大匙
- 韓國蝦醬 ⅔ 大匙
  （按口味增減）
- 韓式湯用醬油 ½ 小匙
- 鹽少許

湯頭材料
- 熬湯用小魚乾 25 尾（25g）
- 去頭蝦乾 ½ 杯（15g）
- 昆布 5×5cm 4 片
- 水 7 杯（1.4ℓ）

延伸做法
- 可以在最後加入 1 條切碎
  的青陽辣椒，與 1 大匙韓
  國辣椒粉。

黃豆芽豆腐醒酒湯

1

在熱好的湯鍋中放入小魚
乾、蝦乾以中火炒 1 分
鐘，加其他湯頭材料大
火煮滾，轉中火煮 25 分
鐘，撈出昆布、小魚乾、
蝦乾。

＊高湯應有 6 杯（1.2ℓ）
量，不夠時加水補足。

2

把豆腐切成大約手指長的
條狀。

3

將黃豆芽放入步驟①的湯
鍋中，蓋上鍋蓋以中火煮
5 分鐘。

＊請全程蓋鍋蓋，黃豆芽才
不會有腥味。

4

放入豆腐、蒜末、蝦醬、
湯用醬油以中火煮 2 分
鐘，加蔥片並依口味加鹽
調味。

🕐 **30 ～ 35 分鐘**
△ **2 ～ 3 人份**
🔲 **冷藏 3 ～ 4 天**

- 明太魚乾 2 杯（40g）
- 雞蛋 1 顆
- 大蔥 15cm
- 青陽辣椒 1 條
- 蒜末 1 小匙
- 紫蘇油 1 大匙
- 水 1½ 杯（300㎖）
  ＋3 杯（600㎖）
- 鹽 1 小匙（按口味增減）

延伸做法

- 可將韓國年糕片（100g）煮至軟化，加入步驟④與大蔥一起燒煮，做成蛋香明太魚乾年糕湯。

明太魚乾年糕湯 延伸

蛋香明太魚乾湯

1
將紫蘇油、1½ 杯水（300㎖）、明太魚乾放入湯鍋以大火煮滾，轉中小火繼續煮 8 ～ 10 分鐘，至湯頭呈乳白色。

2
大蔥、青陽辣椒斜切成片。雞蛋打入小碗內攪拌成蛋液。

3
將 3 杯水（600㎖）加入步驟①的湯鍋中，大火燒煮 8 ～ 10 分鐘。

4
加蔥片、青陽辣椒、蒜末、鹽煮 1 分鐘，再均勻倒入蛋液煮 1 分鐘。

＊蛋液凝固後再攪動，湯頭才會清澈。

🕐 30 ～ 35 分鐘
△ 2 ～ 3 人份
🔄 冷藏 3 ～ 4 天

• 明太魚乾 2 杯（40g）
• 熟成白菜泡菜 1 杯（150g）
• 大蔥 15cm
• 紫蘇油 1 大匙
• 韓式湯用醬油 1 大匙
• 鹽少許

湯頭材料
• 昆布 5×5cm 4 片
• 水 6 杯（1.2ℓ）

延伸做法
• 可在步驟③煮至一半時，加入2把黃豆芽（100g）一起燒煮。

泡菜明太魚乾湯

1

泡菜切成 1cm 寬的片，大蔥斜切成片。

2

將紫蘇油、明太魚乾、湯頭材料放入湯鍋，大火燒煮 10 分鐘。

3

加入泡菜燒煮 7 ～ 10 分鐘。

4

放入蔥片、湯用醬油煮 1 分鐘，依喜好加鹽調味。

＊昆布可以丟棄，也可切絲放回湯中享用。

大醬湯組合技
8 道

蝦仁白菜大醬湯
娃娃菜搭配蝦仁,是
道滋味清爽鮮甜的大
醬湯品。

⋯⋯ P195

蝦乾冬莧菜大醬湯
冬莧菜特有的清香與
蝦乾的鹹香,全都融
入在這道大醬湯中。

⋯⋯ P195

紫蘇籽白菜大醬湯
大醬湯中放入爽口的
白菜,與香氣濃郁的
紫蘇籽粉。

⋯⋯ P198

牛肉蘿蔔大醬湯
採用肉香濃郁的牛腩
肉與白蘿蔔,燉煮出
湯濃味美的大醬湯。

⋯⋯ P198

櫛瓜豆腐大醬湯
櫛瓜、豆腐、洋蔥等
豐富配料,加辣椒粉
燒煮成的大醬湯。

⋯⋯ P199

鮮蝦南瓜大醬鍋
新鮮的大蝦與鬆軟香
甜的南瓜,結合成風
味絕佳的大醬鍋。

⋯⋯ P203

雪花牛豆腐大醬鍋
口感鮮甜的牛胸腹肉
片、板豆腐,搭配韓
式味噌醬。

⋯⋯ P203

牛肉白菜大醬鍋
將牛梅花肉片、娃娃
菜等食材,加入韓式
味噌,滋味暖呼呼。

⋯⋯ P206

蝦乾冬莧菜大醬湯⋯▶ P197

蝦仁白菜大醬湯⋯▶ P196

蝦仁白菜大醬湯

⏱ 40 ～ 45 分鐘
△ 2 ～ 3 人份
🔲 冷藏 3 ～ 4 天

- 娃娃菜 5 片
  （手掌大小，或白菜
  3 片，150g）
- 新鮮蝦仁 10 隻
  （100g）
- 大蔥 15cm
- 青陽辣椒 1 條
  （按口味增減，可省略）
- 蒜末 ½ 大匙
- 韓式味噌醬 2 大匙
  （按鹹度增減）
- 鹽少許

湯頭材料
- 熬湯用小魚乾 25 尾
  （25g）
- 昆布 5×5cm 4 片
- 水 7 杯（1.4ℓ）

延伸做法
- 可取一半與一碗白飯
  （200g）放入鍋中，以
  中小火攪煮 5 ～ 8 分鐘
  至飯粒化開，做成蝦仁
  白菜大醬粥。

1

在熱好的湯鍋中放入小魚
乾，中火炒 1 分鐘。

＊也可把小魚乾鋪在耐熱容
器裡，微波加熱 1 分鐘。

2

放入其他湯頭材料轉中小
火熬煮 25 分鐘，撈出昆
布、小魚乾。

＊高湯應有 6 杯（1.2ℓ）
量，不夠時加水補足。

3

娃娃菜先縱切對半，再切
成 2cm 小段，大蔥、青
陽辣椒斜切成片。

4

將娃娃菜、青陽辣椒、蒜
末、韓式味增醬放入步驟
②的湯鍋中，以大火煮滾
後轉中小火燒煮 5 分鐘。

＊浮沫用湯匙或濾勺撈除。

5

加入蝦仁、蔥片煮 5 分
鐘，依口味加鹽調味。

蝦乾冬莧菜大醬湯

⏱ **40 ～ 45 分鐘**
△ **2 ～ 3 人份**
🅡 **冷藏 3 ～ 4 天**

- 冬莧菜 1 把（200g）
- 去頭蝦乾 ½ 杯（15g）
- 大蔥 10cm（斜切成片）
- 韓式味噌醬 3 大匙
  （按鹹度增減）
- 蒜末 1 小匙

湯頭材料
- 熬湯用小魚乾 25 尾（25g）
- 昆布 5×5cm 4 片
- 水 7 杯（1.4ℓ）

> **延伸做法**
>
> - 可用等量（200g）的菠菜替代冬莧菜：將挑好（參考 P19）的菠菜切成易入口大小，再按同樣的步驟調理。

1 在熱好的湯鍋中放入小魚乾，中火炒 1 分鐘。

＊也可把小魚乾鋪在耐熱容器裡，微波加熱 1 分鐘。

2 放入其他湯頭材料轉中小火煮 25 分鐘，撈出昆布、小魚乾。

＊高湯應有 6 杯（1.2ℓ）量，不夠時加水補足。

3 冬莧菜切成一口大小。

4 將 1 大匙粗鹽、冬莧菜放入大碗內抓揉均勻後，用清水洗淨。

5 把韓式味噌醬溶入步驟②的湯鍋，加入冬莧菜以大火煮滾，再轉中小火煮 5 分鐘。

6 放入蝦乾、蒜末燒煮 10 分鐘，關火後再加入蔥片拌勻。

紫蘇籽白菜大醬湯⋯➔ P200

牛肉蘿蔔大醬湯⋯➔ P201

櫛瓜豆腐大醬湯 ⋯➡ P202

紫蘇籽白菜大醬湯

🕐 40 ～ 45 分鐘
🍽 2 ～ 3 人份
🧊 冷藏 3 ～ 4 天

- 娃娃菜 4 片
  （手掌大小，或白菜
  2 片，120g）
- 板豆腐 ½ 塊（150g）
- 大蔥 15cm
- 韓式味噌醬 1½ 大匙
  （按鹹度增減）
- 蒜末 1 小匙
- 紫蘇籽粉 3 大匙
  （按口味增減）
- 鹽少許

湯頭材料
- 熬湯用小魚乾 25 尾
  （25g）
- 去頭蝦乾 ½ 杯（15g）
- 昆布 5×5cm 4 片
- 水 7 杯（1.4ℓ）

> **延伸做法**
> - 可用等量（120g）的白
>   蘿蔔替代娃娃菜：將白
>   蘿蔔切成 0.5cm 厚的片
>   狀，放入步驟⑤的湯鍋
>   燒煮。

1

在熱好的湯鍋中放入小魚
乾，以中火炒 1 分鐘。

＊也可把小魚乾鋪在耐熱容
器裡，微波加熱 1 分鐘。

2

加入其他湯頭材料轉中小
火煮 25 分鐘，再撈出昆
布、小魚乾、蝦乾。

＊高湯應有 6 杯（1.2ℓ）
量，不夠時加水補足。

3

娃娃菜先縱切對半，再切
成 2cm 小段。

4

大蔥斜切成片，豆腐切成
小方塊。

5

把韓式味噌醬溶入步驟②
的湯鍋，放入蒜末、娃娃
菜以大火煮滾，再轉中小
火煮 10 分鐘。

6

放入豆腐、蔥片煮 3 分
鐘，加紫蘇籽粉煮 1 分
鐘，依口味加鹽調味。

牛肉蘿蔔大醬湯

⏱ 45〜50 分鐘
🍽 2〜3 人份
🧊 冷藏 3〜4 天

- 牛腩肉 200g（或牛腱肉）
- 白蘿蔔片直徑 10cm、
  厚度 1cm（100g）
- 大蔥 20cm
- 芝麻油 1 小匙
- 清酒 1 大匙
- 韓式湯用醬油 2 小匙
- 蒜末 1 小匙
- 昆布 5×5cm 3 片
- 水 5½ 杯（1.1ℓ）
- 鹽少許

調味料
- 韓式味噌醬 2 大匙
  （按鹹度增減）
- 韓式辣椒醬 ½ 大匙

延伸做法

- 可不加辣椒醬，並把韓式味噌醬加至 2⅓ 大匙（按鹹度增減），做成孩子也能吃的不辣口味。

1

白蘿蔔片切成 0.7cm 寬的粗絲，大蔥斜切成片。

2

牛腩肉用廚房紙巾吸除血水後，切成 0.7cm 寬的肉條。

3

在熱好的湯鍋中加入芝麻油，放入牛肉、清酒、湯用醬油，以中火拌炒 3 分鐘。

4

加入白蘿蔔絲、昆布、5½ 杯水（1.1ℓ）以中火煮滾後，蓋鍋蓋轉中小火燒煮 20 分鐘後取出昆布。

＊浮沫用湯匙或濾勺撈除。

5

用大湯勺裝調味料放入湯鍋內，如圖用小湯匙將調味料一點一點溶入後，蓋鍋蓋以中小火煮 10 分鐘。

6

放入蔥片、蒜末轉中火煮 5 分鐘，再加鹽調味。

櫛瓜豆腐大醬湯

⏱ **30～35 分鐘**
△ **2～3 人份**
🄲 **冷藏 3～4 天**

- 櫛瓜 ½ 條（約 135g）
- 板豆腐 ½ 塊（150g）
- 洋蔥 ¼ 顆（50g）
- 辣椒 1 條（青辣椒、青陽辣椒，可省略）
- 蒜末 ½ 大匙
- 韓式味噌醬 2 大匙（按鹹度增減）
- 韓國辣椒粉 1 小匙
- 韓式湯用醬油 ½ 大匙

湯頭材料
- 熬湯用小魚乾 25 尾（25g）
- 昆布 5×5cm 4 片
- 水 7 杯（1.4ℓ）

延伸做法
- 可將 2 朵新鮮香菇切成一口大小，放入步驟⑤與櫛瓜一起燒煮。

1
在熱好的湯鍋中放入小魚乾，以中火炒 1 分鐘。

＊也可以把小魚乾鋪在耐熱容器裡，微波加熱 1 分鐘。

2
加入其他湯頭材料轉中小火煮 25 分鐘，再撈出昆布、小魚乾。

＊高湯應有 6 杯（1.2ℓ）量，不夠時加水補足。

3
豆腐先縱切對半，再切成 1cm 厚的片狀，櫛瓜先縱切成 4 等分，再切成 1.5cm 厚的片狀。

4
洋蔥切成一口大小，辣椒切成辣椒圈。

5
將韓式味噌醬、蒜末、韓國辣椒粉放入步驟②中，以大火煮滾，再放入櫛瓜、洋蔥、湯用醬油轉中火煮 5 分鐘。

6
加豆腐、辣椒圈以中火煮 2 分鐘。

鮮蝦南瓜大醬鍋 ⋯▶ P204

雪花牛豆腐大醬鍋 ⋯▶ P205

鮮蝦南瓜大醬鍋

⏱ **35～40 分鐘**
🍽 **2～3 人份**
🗄 **冷藏 3～4 天**

- 蝦子 7 隻（約 200g）
- 栗子南瓜 ¼ 顆（200g，去籽後 160g）
- 吐過沙的花蛤 1 包（或吐過沙的海瓜子，200g）
- 板豆腐 1 塊（180g）
- 大蔥 10cm
- 青陽辣椒 1 條（可省略）
- 鹽少許

湯頭材料
- 昆布 5×5cm 2 片
- 大蔥 10cm
- 水 3 杯（600㎖）

調味料
- 韓國辣椒粉 ½ 大匙
- 蒜末 ½ 大匙
- 韓式味噌醬 1½ 大匙（按鹹度增減）
- 韓式辣椒醬 ½ 大匙

延伸做法
- 可用等量（200g）的花蟹（對切）替代蝦子。

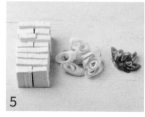

1 大碗內倒入蓋過花蛤的水，反覆搓洗外殼。

2 撈出花蛤放在清水中，清洗 2～3 次後瀝乾。

3 蝦子處理乾淨，剝除蝦頭裝起備用。
＊不剝除蝦殼處理參考 P12。

4 把蝦頭、步驟②的花蛤、湯頭材料放入湯鍋以大火煮滾，轉中小火煮 10 分鐘。用濾網過濾出高湯，花蛤另外裝出備用。

5 豆腐先縱切對半，再切成 1cm 厚的片狀，大蔥、青陽辣椒斜切成片。

6 挖除南瓜子，將連皮切成一口大小。
＊也可以削去南瓜皮。

7 將步驟④的高湯、調味料、栗子南瓜放入湯鍋，以大火煮滾，轉中火煮 2 分鐘，加蝦子、青陽辣椒，大火再次煮滾後，轉小火續煮 3 分鐘。

8 放入花蛤、豆腐、蔥片燒煮 2 分鐘，再依口味加鹽調味。

雪花牛豆腐大醬鍋

⏱ 40 ～ 45 分鐘
🍽 2 ～ 3 人份
📦 冷藏 3 ～ 4 天

- 牛胸腹雪花火鍋肉片 100g
- 板豆腐 ½ 塊（150g）
- 馬鈴薯 ½ 個（100g）
- 秀珍菇 1 把 （或其他菇類，50g）
- 青陽辣椒 1 條 （切成辣椒圈）
- 韓式味噌醬 2½ 大匙 （按鹹度增減）
- 韓國辣椒粉 ½ 大匙
- 蒜末 ½ 大匙
- 芝麻油 ½ 大匙

湯頭材料
- 熬湯用小魚乾 25 尾 （25g）
- 昆布 5×5cm 4 片
- 水 3 杯（600㎖）

延伸做法
- 可用等量（2½ 大匙）的韓式辣椒醬替代味噌，再用韓式湯用醬油補足鹹度，做成雪花牛豆腐辣醬鍋。

1 在熱好的湯鍋中放入小魚乾，以中火炒 1 分鐘。

＊也可把小魚乾鋪在耐熱容器裡，微波加熱 1 分鐘。

2 加入其他湯頭材料轉中小火煮 25 分鐘，撈出昆布、小魚乾，並將煮好的高湯舀入大碗內。

＊高湯應有 2 杯（400㎖）量，不夠時加水補足。

3 馬鈴薯先用十字刀法切開，再切成一口大小，豆腐先縱切對半，再切成 1cm 厚的片狀。

4 秀珍菇剝成小條。

5 在熱好的湯鍋中加入芝麻油，放入馬鈴薯以中火拌炒 2 分鐘。

6 加入步驟②的高湯以大火煮滾，放入牛胸腹肉片、韓式味噌醬、韓國辣椒粉燒煮 5 分鐘。

7 放入剩餘食材，以大火燒煮 4 分鐘。

延伸　搭配刀切麵

牛肉白菜大醬鍋

⊙ 30〜35 分鐘
△ 2〜3 人份
⊠ 冷藏 3〜4 天

- 牛梅花燒烤肉片 200g
  （或牛梅花火鍋肉片）
- 娃娃菜 9 片
  （手掌大小，或白菜
  5 片，270g）
- 新鮮香菇 5 朵
  （或其他菇類，125g）
- 洋蔥 ½ 顆（100g）
- 大蔥 15cm
- 青陽辣椒 1 條
- 昆布 5×5cm 3 片
- 鹽少許

調味料
- 清酒 2 大匙
- 蒜末 1 大匙
- 韓式味噌醬 1 大匙
  （按鹹度增減）
- 芝麻油 ½ 大匙
- 黑胡椒粉少許

湯頭材料
- 韓式味噌醬 1 大匙
  （按鹹度增減）
- 韓國鯷魚魚露 1 大匙
- 水 5 杯（1ℓ）

延伸做法

- 可搭配刀切麵享用：將
  1 包（150g）刀切麵條
  按包裝標示煮熟，在最
  後加入鍋中。

1

牛梅花肉片用廚房紙巾吸
除血水後，切成 2cm 寬
的大小。調味料放入大碗
內拌勻，再加肉片拌勻醃
10 分鐘。

2

娃娃菜先縱切對半，再切
成 5cm 的長段。

3

香菇先切除蒂頭，再切成
0.5cm 厚的片狀。

4

大蔥斜切成 0.5cm 厚的片
狀，洋蔥切成 1cm 寬的
粗條，青陽辣椒切斜片。

5

昆布鋪在湯鍋底，放入所
有食材。

6

把湯頭材料加入湯鍋中，
以大火煮滾，轉中小火煮
10〜12 分鐘，依口味加
鹽調味。
＊也可像火鍋一樣，以小火
邊煮邊吃。

泡菜鍋組合技
8 道

雞蛋泡菜鍋
先用熟成泡菜做出湯頭，再淋上香蔥蛋液，滋味醇香酸爽。

··→ P209

豆渣泡菜鍋
加了口感甘醇的豆渣後，泡菜湯頭變得更加香濃。

··→ P209

明太魚乾泡菜鍋
用明太魚乾熬煮的泡菜鍋，味道嚐起來甘鮮又爽口。

··→ P212

餃子牛肉泡菜鍋
有著餃子、牛肉片、薑菇、櫛瓜等食材，燒煮成鮮香味美的泡菜火鍋。

··→ P214

雞肉馬鈴薯辣醬鍋
軟嫩的雞腿與鬆軟的馬鈴薯，搭配香辣醬料熬煮的特色鍋。

··→ P216

鮪魚馬鈴薯辣醬鍋
將鮪魚和馬鈴薯用香辣湯頭煨煮，成就一道暖心鍋物。

··→ P218

薺菜豆腐辣醬鍋
用韓式辣椒醬與味噌醬調和出風味高湯，放入薺菜稍微燒煮。

··→ P220

豬五花包飯醬鍋
豬五花搭配馬鈴薯、韓式包飯醬，是熱呼呼的美味鍋品。

··→ P221

雞蛋泡菜鍋⋯▸ P210

豆渣泡菜鍋⋯▸ P211

雞蛋泡菜鍋

⏱ **50～55 分鐘**
🍲 **2～3 人份**
🧊 冷藏 3～4 天

- 熟成白菜泡菜 1 杯（150g）
- 雞蛋 2 顆
- 洋蔥 ¼ 顆（50g）
- 大蔥 20cm
- 青陽辣椒 1 條（可省略）
- 鹽少許
- 紫蘇油 1 大匙（或芝麻油）
- 食用油 1 大匙
- 蒜末 ½ 大匙
- 砂糖 ½ 小匙

- 韓國辣椒粉 2 小匙
- 泡菜汁 2 大匙
- 韓式湯用醬油 1 小匙（按泡菜鹹度增減）

湯頭材料
- 熬湯用小魚乾 25 尾（25g）
- 昆布 5×5cm 3 片
- 水 4 杯（800㎖）

> **延伸做法**
> - 可將 100g 的豬絞肉加入步驟⑥與泡菜一起拌炒，替湯頭增添肉香。

1
在熱好的湯鍋中放入小魚乾，中火炒 1 分鐘。
＊也可把小魚乾鋪在耐熱容器裡，微波加熱 1 分鐘。

2
加其他湯頭材料轉中小火煮 25 分鐘，撈出昆布、小魚乾，並將煮好的高湯舀入大碗內。
＊高湯應有 3 杯（600㎖）量，不夠時加水補足。

3
洋蔥切成 0.5cm 寬的細絲，大蔥切成蔥花，青陽辣椒切成辣椒圈。

4
把泡菜上的醃料拿掉，切成 3cm 寬的片狀。

5
雞蛋打入小碗內拌成蛋液，放入蔥花、青陽辣椒、鹽拌勻。

6
在熱鍋中加入紫蘇油、食用油，放入泡菜、洋蔥、蒜末、砂糖、韓國辣椒粉，中小火拌炒 2 分鐘。

7
加入步驟②的高湯、泡菜汁、湯用醬油以大火煮滾，蓋鍋蓋轉小火續煮 20 分鐘。

8
均勻倒入步驟⑤的蛋液，蓋回鍋蓋煮 5 分鐘。
＊蛋液凝固再攪拌，湯頭才會清澈。

豆渣泡菜鍋

⏱ **50～55 分鐘**
△ **2～3 人份**
🔁 **冷藏 3～4 天**

- 豆渣 1 包（300g）
- 熟成白菜泡菜 1 杯
  （150g）
- 洋蔥 ½ 顆（100g）
- 大蔥 15cm
- 青陽辣椒 1 條
- 紫蘇油 1 大匙
- 蒜末 ½ 大匙
- 韓國辣椒粉 2 小匙
- 韓式湯用醬油 1½ 小匙
  （按泡菜鹹度增減）

湯頭材料

- 熬湯用小魚乾 25 尾
  （25g）
- 昆布 5×5cm 3 片
- 水 3½ 杯（700㎖）

延伸做法

- 如果只有尚未熟成的泡
  菜，可在步驟⑤中加 2
  小匙白醋一起拌炒。

1
在熱好的湯鍋中放入小魚
乾，中火炒 1 分鐘。

＊也可把小魚乾鋪在耐熱容
器裡，微波加熱 1 分鐘。

2
加其他湯頭材料轉中小火
煮 25 分鐘，撈出昆布、
小魚乾，並將煮好的高湯
舀入大碗內。

＊高湯應有 2½ 杯（500㎖）
量，不夠時加水補足。

3
洋蔥切成細絲，大蔥切成
蔥花，青陽辣椒切成圈。

4
把泡菜上的醃料拿掉，切
成 2cm 寬的片狀。

5
在熱好的湯鍋中加入紫蘇
油，放入泡菜、洋蔥以中
小火炒 2 分鐘。

6
加入步驟②的高湯、豆
渣、蒜末以大火煮滾，轉
中火繼續煮 10 分鐘。

7
放入蔥花、青陽辣椒，韓
國辣椒粉、湯用醬油，煮
1 分鐘。

明太魚乾泡菜鍋

⏱ **40～45 分鐘**
🍽 **2～3 人份**
🧊 **冷藏 3～4 天**

- 熟成白菜泡菜 2 杯（300g）
- 明太魚乾 2 杯（40g）
- 洋蔥 ½ 顆（100g）
- 大蔥 20cm
- 青陽辣椒 1 條（可省略）
- 食用油 2 大匙
- 紫蘇油 1 大匙
- 蒜末 1 大匙
- 泡菜汁 ¼ 杯（50㎖）
- 水 4 杯（800㎖）
- 韓國湯用醬油 1 ½ 小匙
  （按泡菜鹹度增減）

> **延伸做法**
> - 可取 ⅓ 的料理與一碗白飯（200g）放入鍋中，以中小火攪煮 5～8 分鐘至飯粒化開，做成明太魚乾泡菜粥。

1

將洋蔥對切，再切成 1cm 寬的粗條，大蔥切成 5cm 長段，再縱切成薄片，青陽辣椒斜切成片。

2

明太魚乾剪成一口大小，泡菜切成 3cm 寬的片狀。

3

在熱好的湯鍋中加入食用油、紫蘇油，放入一半蔥片以中小火爆香 30 秒。

4

放入洋蔥、蒜末輕輕拌炒 1 分鐘。

5

加泡菜、明太魚乾轉小火拌炒 5～7 分鐘，至泡菜變軟呈半透明。

6

倒入 4 杯水（800㎖）、泡菜汁以大火煮滾，轉中火煮 15～20 分鐘。

7

加入另一半的蔥片、青陽辣椒、湯用醬油，繼續煮 4 分鐘。

餃子牛肉泡菜鍋

🕐 40 ～ 45 分鐘
🍽 2 ～ 3 人份
🧊 冷藏 3 ～ 4 天

- 冷凍水餃 10 顆
  （按餃子大小增減）
- 熟成白菜泡菜 1 杯
  （150g）
- 牛胸腹雪花火鍋肉片
  100g（或牛梅花火鍋
  肉片）
- 秀珍菇 2 把
  （或其他菇類，100g）
- 櫛瓜 ¼ 條（65g）
- 洋蔥 ¼ 顆（50g）
- 大蔥 15cm
- 泡菜汁 ½ 杯（100㎖）
- 韓國辣椒粉 2 小匙

- 韓國魚露 1 大匙
  （玉筋魚或鯷魚）
- 鹽 ¼ 小匙

湯頭材料
- 熬湯用小魚乾 25 尾
  （25g）
- 昆布 5×5cm 3 片
- 水 5 杯（1ℓ）

醃料
- 料理酒 ½ 大匙
- 釀造醬油 ½ 大匙
- 韓國辣椒粉 ¼ 小匙
- 芝麻油 1 小匙

延伸做法
- 可搭配烏龍麵享用：將
  1 包（200g）烏龍麵條
  按包裝標示煮熟，在最
  後加入鍋中。

1
將牛胸腹肉片與醃料拌
勻。

2
秀珍菇剝成小條，櫛瓜先
縱切對半，再切成 0.5cm
厚 的 片 狀，洋 蔥 切 成
0.5cm 寬細絲。

3
大蔥斜切成片，泡菜切成
2cm 寬的片狀。

4
在熱好的湯鍋中放入小魚
乾，以中火炒 1 分鐘。

＊也可把小魚乾鋪在耐熱容
器裡，微波加熱 1 分鐘。

5
放入其他湯頭材料轉中
小火煮 25 分鐘，撈出昆
布、小魚乾，再將煮好的
高湯舀入大碗內。

＊高湯應有 4 杯（800㎖）
量，不夠時加水補足。

6
把水餃、泡菜、牛肉片、
秀珍菇、櫛瓜、洋蔥、蔥
片分區放入湯鍋中。

7
加入步驟⑤的高湯、泡菜
汁、韓國辣椒粉，以大火
燒煮。

8
煮滾後放入魚露，再轉中
火燒煮 7 ～ 10 分鐘，依
口味加鹽調味。

搭配麵疙瘩 延伸

雞肉馬鈴薯辣醬鍋

⏱ 40～45 分鐘
🍽 2～3 人份
🧊 冷藏 3～4 天

- 去骨雞腿肉 3 片（300g）
- 馬鈴薯 ½ 個（100g）
- 洋蔥 ½ 顆（100g）
- 新鮮香菇 3 朵（75g）
- 大蔥 15cm
- 青陽辣椒 1 條
  （按口味增減，可省略）
- 食用油 1 大匙
- 蒜末 1 小匙
- 水 3 杯（600㎖）
- 韓式辣椒醬 4 大匙
- 昆布 5×5cm 4 片
- 鹽少許
- 黑胡椒粉少許

醃料
- 清酒 1 大匙
- 黑胡椒粉少許

> **延伸做法**
>
> - 可搭配麵疙瘩享用：請參考 P321 的麵疙瘩做法，取一半在步驟⑦轉中小火時加入，或用市售生麵疙瘩。

1
先將去骨雞腿肉切成一口大小，再與醃料拌勻醃 10 分鐘。

2
馬鈴薯先用十字刀法切開，再切成 1cm 厚的片。

3
洋蔥、香菇切成一口大小，大蔥、青陽辣椒斜切成片。

4
在熱好的湯鍋中加入食用油，放入雞腿肉、蒜末中小火拌炒 4 分鐘。

5
加入 3 杯水（600㎖）以大火煮滾，再轉中火煮 2 分鐘。

6
溶入韓國辣椒醬繼續煮 3 分鐘。

7
加馬鈴薯、洋蔥、香菇、昆布，轉大火待再次煮滾，轉中火煮 5 分鐘，再轉中小火煮 5 分鐘。

8
放入蔥片、青陽辣椒煮 1 分鐘，依口味加入黑胡椒粉、鹽調味。

辣味鮪魚馬鈴薯蓋飯 延伸

鮪魚馬鈴薯辣醬鍋

⏱ **40～45 分鐘**
△ **2～3 人份**
▣ 冷藏 **3～4 天**

- 鮪魚罐頭 1 個（150g）
- 馬鈴薯 2 個（400g）
- 洋蔥 ¼ 顆（50g）
- 韓國芝麻葉 10 片
  （或水芹約 ¼ 把）
- 大蔥 15cm
- 紫蘇籽粉 1～2 大匙

湯頭材料
- 熬湯用小魚乾 25 尾
  （25g）
- 昆布 5×5cm 3 片
- 水 5 杯（1ℓ）

調味料
- 韓國辣椒粉 3 大匙
- 蒜末 1 大匙
- 韓式湯用醬油 ½ 大匙
- 韓式辣椒醬 1 大匙
- 韓式味噌醬 1 大匙
  （按鹹度增減）

延伸做法
- 可搭配白飯淋上一些芝麻油，做成香辣鮪魚馬鈴薯蓋飯。

1
在熱好的湯鍋中放入小魚乾，以中火炒 1 分鐘。
＊也可把小魚乾鋪在耐熱容器裡，微波加熱 1 分鐘。

2
放入其他湯頭材料轉中小火煮 25 分鐘，再撈出昆布、小魚乾。
＊高湯應有 4 杯（800㎖）量，不夠時加水補足。

3
鮪魚用濾網瀝掉油分。

4
馬鈴薯用十字刀法切開，再切成 2cm 厚的小塊，以清水沖洗後瀝乾。

5
韓國芝麻葉先縱切對半，再切成 2cm 寬的片狀，洋蔥切成一口大小，大蔥斜切成片。

6
把馬鈴薯、洋蔥、調味料放入步驟②的湯鍋，大火煮滾後轉中火煮 7 分鐘。

7
加鮪魚，不攪拌煮 3 分鐘，再加芝麻葉、蔥片、紫蘇籽粉煮 1 分鐘。
＊加入鮪魚後不要馬上攪動，湯頭才會清澈。

薺菜豆腐辣醬鍋 ⋯⋯▶ P222

豬五花包飯醬鍋 ⋯▶ P223

薺菜豆腐辣醬鍋

- ⏱ **35～40 分鐘**
- ⏏ **2～3 人份**
- 🔲 **冷藏 3～4 天**

- 薺菜 5 把（100g）
- 板豆腐 ½ 塊（150g）
- 韓式味噌醬 1 ½ 大匙
  （按鹹度增減）
- 韓式辣椒醬 ½ 大匙

湯頭材料
- 熬湯用小魚乾 25 尾（25g）
- 去頭蝦乾 ½ 杯（15g）
- 昆布 5×5cm 2 片
- 水 5 杯（1ℓ）

延伸做法
- 可將蛤蜊肉（100g）與韓式味噌醬，一起加入步驟⑦中熬煮。

1
在熱好的湯鍋中放入小魚乾，中火炒 1 分鐘。
＊也可把小魚乾鋪在耐熱容器裡，微波加熱 1 分鐘。

2
放入其他湯頭材料轉中小火煮 25 分鐘後，撈出昆布、小魚乾、蝦乾。
＊高湯應有 4 杯（800㎖）量，不夠時加水補足。

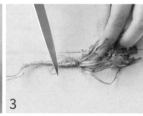

3
將枯黃的薺菜摘除，並用小刀刮除根部的鬚根與泥土。

4
大碗內倒入蓋過薺菜的清水，將薺菜抓洗乾淨後撈出瀝乾。

5
把薺菜切成 3～4cm 的長段。

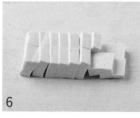

6
豆腐先縱切對半，再切成 1cm 厚的片狀。

7
將韓式味噌醬、辣椒醬溶入步驟②的湯鍋中，以大火煮滾，蓋鍋蓋轉中火煮 2 分鐘。

8
加入薺菜、豆腐，蓋回鍋蓋煮 2 分鐘。

豬五花包飯醬鍋

⏱ **30 ～ 35 分鐘**
△ **2 ～ 3 人份**
🔲 **冷藏 3 ～ 4 天**

- 豬五花肉條 200g
  （或豬梅花燒烤肉片）
- 馬鈴薯 ½ 個（100g）
- 洋蔥 ¼ 顆（50g）
- 大蔥 20cm
- 青陽辣椒 2 條
- 鹽少許

包飯醬材料
- 韓國辣椒粉 1 大匙
- 蒜末 ½ 大匙
- 韓式味噌醬 2 大匙
  （按鹹度增減）
- 韓式辣椒醬 1 大匙
- 芝麻油 1 小匙

湯頭材料
- 熬湯用小魚乾 5 尾（5g）
- 昆布 5×5cm 3 片
- 水 4 杯（800㎖）

延伸做法
- 可將綜合菇（50g）剝成小條或切成一口大小，與馬鈴薯一起加入步驟⑥中熬煮。

1
把包飯醬材料放入小碗內攪拌均勻。

2
把洋蔥、馬鈴薯分別都切成 2×2cm 大小，再將大蔥、青陽辣椒斜切成片。

3
五花肉條用廚房紙巾吸除血水後，切成一口大小。

4
在熱好的鍋中放入五花肉片，以中火炒 3 分鐘。
＊肉片炒過能煸出豬油讓湯頭更醇厚。

5
放入湯頭材料、包飯醬以大火煮滾，轉中小火煮 10 分鐘，取出昆布、小魚乾。

6
加入馬鈴薯煮 5 分鐘後，放入青陽辣椒煮 2 分鐘，依口味加鹽調味。

牛肉湯組合技
4 道

韓式清香牛肉湯
肉香濃郁的牛腩肉、綠豆芽與蕨菜乾,一起燉煮成清甜爽口的韓式牛肉湯。

⋯→ P225

紫蘇籽蘿蔔牛肉湯
牛肉與白蘿蔔精心燉煮至軟嫩入味,吃起來湯頭濃郁、香氣撲鼻。

⋯→ P225

香辣蘿蔔葉乾牛肉湯
用牛腩肉與蘿蔔葉乾燉煮成韓式辣牛肉湯,每一口都是令人懷念的味道。

⋯→ P228

綠豆芽牛肉清湯
湯中滿滿的脆口綠豆芽與油香四溢的牛小排肉片,既美味又豐富。

⋯→ P230

韓式清香牛肉湯 ⋯→ P226

紫蘇籽蘿蔔牛肉湯 ⋯→ P227

韓式清香牛肉湯

⏱ 50 ～ 55 分鐘
🍽 2 ～ 3 人份
🧊 冷藏 5 天

- 牛腩肉 200g
- 綠豆芽 2 把（100g）
- 白蘿蔔片直徑 10cm、
  厚度 1.5cm（150g）
- 熟蕨菜乾 100g
- 大蔥 20cm
- 水 8 杯（1.6ℓ）
- 昆布 5×5cm 4 片
- 韓式湯用醬油 1 大匙
  （按口味增減）
- 黑胡椒粉少許
- 鹽少許
- 紫蘇油 1 大匙

醃料
- 蒜末 1 大匙
- 韓式湯用醬油 1 大匙
- 芝麻油少許

> **延伸做法**
> - 可在步驟④中，加 1 大匙韓國辣椒粉與大蔥一起拌炒。
> - 或使用水煮蕨菜乾罐頭。

1
牛腩肉用廚房紙巾吸除血水後，切成一口大小，放入大碗內與醃料拌勻醃 10 分鐘。

2
將綠豆芽以清水洗淨後瀝乾水分。

3
白蘿蔔片均切成 6 等分，再切成 0.5cm 厚片，熟蕨菜乾用清水洗淨擠乾，切成 4cm 的長段，大蔥先切成 5cm 的長段，再縱切成薄片。

4
在熱好的湯鍋中加入紫蘇油，以小火爆香蔥片 1 分鐘後，放入牛肉、白蘿蔔片轉中火拌炒 2 分鐘。

5
加入 8 杯水（1.6ℓ）、昆布以大火煮滾後，轉中小火煮 20 分鐘，再取出昆布。

＊浮沫用湯匙或濾勺撈除。

6
放入蕨菜乾、湯用醬油煮 10 分鐘，加入綠豆芽、黑胡椒粉煮 3 分鐘，再依口味加鹽調味。

紫蘇籽蘿蔔牛肉湯

⏱ 1 小時～
　1 小時 5 分鐘
🍴 2 ～ 3 人份
🧊 冷藏 5 天

- 牛腩肉 200g
- 白蘿蔔片直徑 10cm、
  厚度 1cm（100g）
- 大蔥 15cm
- 芝麻油 1 小匙
- 鹽 ½ 小匙（按口味增減）
- 韓式湯用醬油 1 小匙
  （按口味增減）
- 紫蘇籽粉 5 大匙
  （按口味增減）

調味料
- 清酒 1 大匙
- 韓式湯用醬油 1 大匙
- 蒜末 ½ 大匙
- 黑胡椒粉少許

湯頭材料
- 昆布 5×5cm 3 片
- 水 4 ½ 杯（900㎖）

延伸做法
- 可將 ⅓ 塊（100g）板豆
  腐切成一口大小，與紫
  蘇籽粉一起加入步驟⑥
  中燒煮。

1
白蘿蔔片先切成兩半，再切成 1cm 厚的粗條，大蔥先切成 3cm 長段，再縱切成薄片。

2
牛腩用廚房紙巾吸除血水後，切成一口大小。

3
調味料放入大碗內拌勻，放入牛肉、蔥片再拌勻醃 10 分鐘。

4
在熱好的湯鍋中加入芝麻油，放入鹽、白蘿蔔條以小火炒 2 分鐘後，放入步驟③轉中火炒 3 分鐘。

5
加入湯頭材料以大火煮滾，蓋上鍋蓋轉小火煮 30 分鐘。

6
放入紫蘇籽粉、湯用醬油攪拌均勻，蓋鍋蓋煮 10 分鐘。

＊昆布可丟棄，也可切成絲享用。

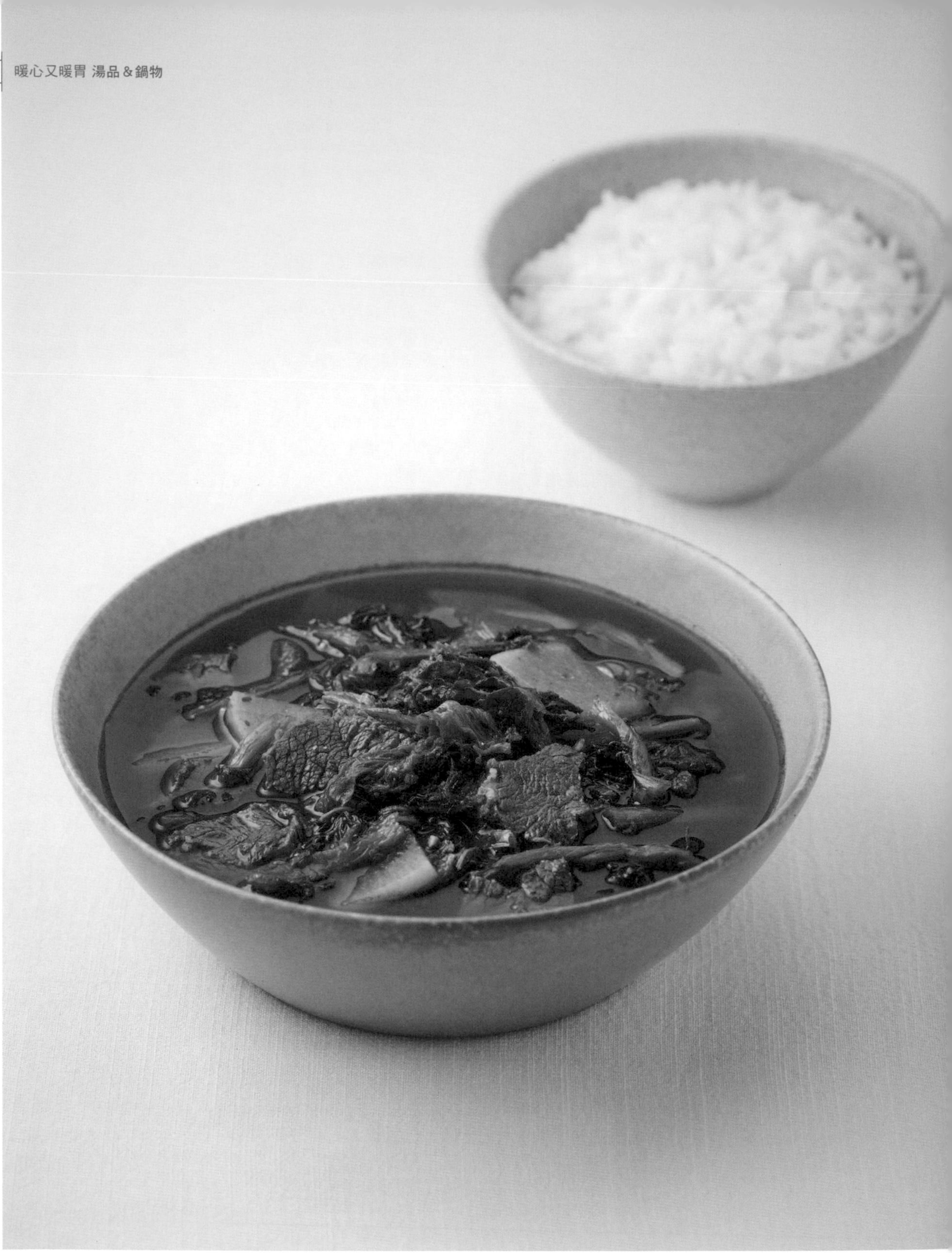

香辣蘿蔔葉乾牛肉湯

⏱ **50～55 分鐘**
△ **2～3 人份**
🔁 **冷藏 5 天**

- 牛腩肉 200g
- 白蘿蔔片直徑 10cm、厚度 1cm（100g）
- 熟蘿蔔葉乾 240g
- 大蔥 15cm
- 昆布 5×5cm 4 片
- 水 3 大匙＋7½ 杯（1.5ℓ）

- 韓式湯用醬油 1 大匙＋1 小匙
- 韓國辣椒粉 2 大匙
- 蒜末 1 大匙
- 韓式味噌醬 2 大匙（按鹹度增減）
- 黑胡椒粉少許
- 鹽少許

延伸做法
- 熟蘿蔔葉乾可以在超市生鮮區買到，或使用水煮蘿蔔葉乾罐頭。

1
牛腩用廚房紙巾吸除血水後，切成一口大小。

2
熟蘿蔔葉乾用清水洗淨擠乾，切成一口大小。

3
白蘿蔔片先均切成 6 等分，再切成 0.3cm 厚的片狀，大蔥切成蔥花。

4
在熱好的湯鍋中放入白蘿蔔片、3 大匙水、1 大匙湯用醬油，中火炒 5 分鐘，至蘿蔔呈透明狀。

＊白蘿蔔片炒過可帶出更多鮮甜味。

5
加入 7½ 杯水（1.5ℓ）、昆布以大火煮滾後，放入牛肉、韓國辣椒粉、韓式味噌醬拌勻。

6
轉中小火燒煮 10 分鐘後取出昆布。

＊浮沫用湯匙或濾勺撈除。

7
放入蘿蔔葉乾，蓋上鍋蓋轉小火燒煮 25 分鐘。

＊蘿蔔葉乾用小火慢慢燉煮才會軟透。

8
加蔥花、蒜末、1 小匙湯用醬油，蓋回鍋蓋煮 5 分鐘，依口味加入黑胡椒粉、鹽調味。

綠豆芽牛肉清湯

⏱ **35～40 分鐘**
🍽 **2～3 人份**
🧊 **冷藏 2 天**

- 牛小排火鍋肉片 300g
  （或牛胸腹雪花肉片）
- 綠豆芽 2 把（100g）
- 大蔥 15cm
- 芝麻油 1 大匙
- 韓式湯用醬油 2 大匙
  （按口味增減）
- 料理酒 1 大匙
- 蒜末 1 小匙

湯頭材料
- 熬湯用小魚乾 25 尾
  （25g）
- 昆布 5×5cm 4 片
- 水 7 杯（1.4ℓ）

延伸做法
- 可將 1 包（50g）越南米線按包裝標示煮熟後加入，撒上切碎的香菜，更有異國風味。

1

在熱好的湯鍋中放入小魚乾，中火炒 1 分鐘。

＊也可把小魚乾鋪在耐熱容器裡，微波加熱 1 分鐘。

2

放入其他湯頭材料轉中小火煮 25 分鐘，再撈出昆布、小魚乾，將煮好的高湯舀入大碗內。

＊高湯應有 6 杯（1.2ℓ）量，不夠時加水補足。

3

大蔥先切成 5cm 長段，再縱切成薄片，綠豆芽以清水洗淨後瀝乾。

4

在熱好的湯鍋中加入芝麻油，先以小火爆香蔥片 1 分鐘。

5

放入火鍋肉片拌炒 2 分鐘後，加入步驟②的高湯以大火煮滾，計時燒煮 5 分鐘。

＊浮沫用湯匙或濾勺撈除。

6

放入綠豆芽、湯用醬油、料理酒、蒜末繼續再煮 3 分鐘。

海帶芽湯＆牡蠣湯組合技
4 道

鮮蚵海帶芽湯

品嘗得到 Q 彈飽滿的牡蠣，
海味十足。

⋯→ P233

蝦仁海帶芽湯

加入切成薄片的蝦仁，一道美
味的螺旋蝦肉海帶芽湯誕生。

⋯→ P233

鮮蚵海菜湯

每口都品嘗得到口感滑溜的海
菜，與鮮嫩肥美的牡蠣。

⋯→ P236

鮮蚵嫩豆腐湯

嫩豆腐搭配鮮甜牡蠣，燒煮成
一道暖人脾胃的熱湯。

⋯→ P238

鮮蚵海帶芽湯 ⋯→ P234

蝦仁海帶芽湯 ⋯→ P235

鮮蚵海帶芽湯

⏱ **40～45 分鐘**
🍽 **2～3 人份**
🧊 **冷藏 3～4 天**

- 乾海帶芽 1 把（10g）
- 牡蠣 1 杯（200g）
- 蒜末 ½ 大匙
- 韓式湯用醬油 1 大匙
  （按口味增減）
- 紫蘇油 1 大匙
- 水 1 杯（200㎖）＋3 ½
  杯（700㎖）
- 鹽 ½ 小匙（按口味增減）

> **延伸做法**
>
> - 可用等量（200g）的淡
>   菜肉、花蛤肉或蛤蜊肉
>   替代牡蠣。

1
將乾海帶芽放在裝有 3 杯
清水的大碗泡 15 分鐘。

2
牡蠣用濾網盛裝，放入鹽
水（4 杯水＋½ 大匙鹽）
輕輕抓洗後瀝乾。

3
用力將步驟①的海帶芽抓
洗乾淨至不起泡沫，可更
換多次清水，再撈出擠乾
切成 2～3cm 的長段。

4
在熱好的湯鍋中加入紫蘇
油，放入蒜末、海帶芽以
中火炒 3 分鐘，將 1 杯水
（200㎖）分次以邊加水
邊炒的方式炒 5 分鐘。
＊邊加水邊拌炒可帶出海帶
芽的鮮甜。

5
倒入 3 ½ 杯水（700㎖）
以大火煮滾後，轉小火煮
10 分鐘。

6
加入牡蠣轉大火煮 1 分鐘
後，加入湯用醬油、鹽煮
1 分鐘。

蝦仁海帶芽湯

⏱ **40〜45 分鐘**
🍽 **2〜3 人份**
🧊 冷藏 3〜4 天

- 新鮮蝦仁 10 隻（100g）
- 乾海帶芽 1 把（10g）
- 蒜末 1 大匙
- 紫蘇油 1 大匙
- 韓國魚露 2 小匙（玉筋魚 或鯷魚，按口味增減）
- 水 1 杯（200㎖）＋3½ 杯（700㎖）
- 鹽少許

延伸做法

- 可將韓國年糕片 （100g）煮軟後加入鍋 中享用。

1

將乾海帶芽放在裝有 3 杯 清水的大碗泡 15 分鐘。

2

如圖從蝦背下刀，將蝦仁 對半切開。

3

用力將步驟①的海帶芽抓 洗乾淨至不起泡沫，可換 多次清水，再撈出擠乾， 切成 2〜3cm 長段。

4

在熱好的湯鍋中加入紫蘇 油，放入蒜末、海帶芽以 中火炒 3 分鐘，再將 1 杯 水（200㎖）分次以邊加 水邊炒的方式炒 5 分鐘。

＊邊加水邊拌炒可帶出海帶 芽的鮮甜味。

5

倒入 3½ 杯水（700㎖） 以大火煮滾後，再轉小火 煮 10 分鐘。

6

放入蝦仁、魚露轉中小火 煮 5 分鐘，再加鹽調味。

延伸 搭配韭菜

鮮蚵海菜湯

- ⏱ **30～35 分鐘**
- ⌒ **2～3 人份**
- 🔲 **冷藏 2～3 天**

- 乾燥海菜 6g
- 牡蠣 1 杯（200g）
- 白蘿蔔片直徑 10cm、厚度 1cm（100g）
- 昆布 5×5cm 3 片
- 水 6 杯（1.2ℓ）
- 蒜末 ½ 大匙
- 韓式湯用醬油 1 大匙（按口味增減）
- 芝麻油 1 小匙

延伸做法

- 可用新鮮或冷凍海菜替代乾燥海菜：以一杯（100g）新鮮海菜抓洗後瀝乾後，剪成 2～3 等分；或直接使用冷凍海菜。

- 在最後加入一把切成小段的韭菜更有風味。

1

牡蠣用濾網盛裝，放入鹽水（4 杯水＋½ 大匙鹽）輕輕抓洗後瀝乾。

2

白蘿蔔片先用十字刀法切開，再薄切成扇形薄片。

3

將白蘿蔔片、昆布、6 杯水（1.2ℓ）放入湯鍋以大火煮滾，轉成中小火煮 15 分鐘。

4

取出昆布，放入牡蠣轉成大火煮 3 分鐘。

5

加入海菜、蒜末煮 5 分鐘後，再加入芝麻油、湯用醬油拌勻。

延伸 更清甜帶辣的湯頭

鮮蚵嫩豆腐湯

⏱ **40～45 分鐘**
🍴 **2～3 人份**
🧊 **冷藏 2～3 天**

- 嫩豆腐 1 盒（300g）
- 牡蠣 1 杯（200g）
- 新鮮香菇 2 朵
  （或其他菇類，50g）
- 辣椒 2 條
  （青陽辣椒、紅辣椒）
- 大蔥 10cm
- 鹽少許

湯頭材料
- 熬湯用小魚乾 35 尾（35g）
- 去頭蝦乾 1 杯（30g）
- 昆布 5×5cm 4 片
- 水 7 杯（1.4ℓ）

調味料
- 蒜末 ½ 大匙
- 清酒 2 大匙
- 韓國魚露 2 小匙
  （玉筋魚或鯷魚）
- 韓國蝦醬 2 小匙
- 黑胡椒粉少許

延伸做法

- 可把 100g 的白蘿蔔切成薄片，加入步驟②與湯頭材料一起熬煮會更清甜；可在最後加入適量辣椒粉。

1
在熱好的湯鍋中放入小魚乾，以中火炒 1 分鐘。

＊也可把小魚乾鋪在耐熱容器裡，微波加熱 1 分鐘。

2
放入其他湯頭材料轉中小火煮 25 分鐘，再撈出昆布、小魚乾、蝦乾。

＊高湯應有6杯（1.2ℓ）量，不夠時加水補足。

3
將牡蠣用濾網盛裝，放入鹽水（4 杯水 + ½ 大匙鹽）輕輕抓洗後瀝乾。

4
香菇切成 0.5cm 厚的片狀，大蔥、辣椒斜切成片。調味料放入小碗內拌成醬汁。

5
把香菇放入步驟②的湯鍋中以大火煮滾，轉中小火煮 5 分鐘。

6
放入嫩豆腐，並用湯匙將豆腐分切成大塊。

7
待再次煮滾後，放入牡蠣、辣椒、蔥片煮 3～4 分鐘，最後倒入醬汁煮 2 分鐘，依口味加鹽調味。

嫩豆腐鍋組合技
8 道

豬肉泡菜豆渣鍋
香噴噴的豬肉、豆渣與爽脆的泡菜，煮成一道熱呼呼的鍋物。
⋯→ P241

辣味蘿蔔豆渣鍋
湯中加入豆渣、白蘿蔔、杏鮑菇等配料，每口都滑順鮮嫩。
⋯→ P241

櫛瓜豆腐清麴醬鍋
豬肉、櫛瓜、豆腐、泡菜等食材，是道地的清麴醬鍋。
⋯→ P244

泡菜野蒜清麴醬鍋
使用春天才有的野蒜，替湯頭增添了獨特的清香。
⋯→ P244

豬肉小白菜清麴醬鍋
醬湯中加入小白菜與豬梅花肉片，每口都鮮美香甜。
⋯→ P245

香辣雪花牛嫩豆腐煲
鮮甜的牛胸腹肉片搭配洋蔥、蕈菇、嫩豆腐，香辣又爽口。
⋯→ P249

長崎風嫩豆腐湯
在家也能做出日本居酒屋美味，還有嫩豆腐帶來的滑嫩口感。
⋯→ P250

魷魚嫩豆腐湯
湯中滿是嚼勁十足的魷魚，與口感滑順的嫩豆腐，用料豐富。
⋯→ P251

辣味蘿蔔豆渣鍋⋯▶ P243

豬肉泡菜豆渣鍋⋯▶ P242

豬肉泡菜豆渣鍋

🕐 35～40 分鐘
△ 2～3 人份
🔲 冷藏 3～4 天

- 豬絞肉 200g
- 熟成白菜泡菜⅔ 杯（100g）
- 豆渣 1 包（300g）
- 大蔥 20cm
- 紫蘇油 1 大匙
  （或芝麻油）
- 水 2 杯（400㎖）
- 昆布 5×5cm 3 片
- 韓國蝦醬 ½ 大匙
- 鹽少許

醃料
- 鹽 ⅓ 小匙
- 蒜末 1 小匙
- 清酒 2 小匙

延伸做法
- 可取一半分量與一碗白飯（200g）放入鍋中，以中小火攪煮 5～8 分鐘至飯粒化開，做成豬肉泡菜豆渣粥。

1 豬絞肉用廚房紙巾包覆吸除血水。

2 把豬絞肉放入大碗內與醃料拌勻醃 10 分鐘。

3 泡菜用清水洗淨後擠乾，切成 2cm 寬的片狀，大蔥切成蔥花。

4 在熱好的湯鍋中加入紫蘇油，接著放入豬絞肉以中火炒 3 分鐘，再加泡菜炒 2 分鐘。

5 放入 2 杯水（400㎖）、昆布、蝦醬以大火煮滾，蓋鍋蓋轉中小火煮 15 分鐘。

6 取出昆布，放入豆渣煮 7 分鐘，再加蔥花煮 3 分鐘，依口味加鹽調味。

辣味蘿蔔豆渣鍋

⏱ **45～50 分鐘**
△ **2～3 人份**
▣ **冷藏 2～3 天**

- 豆渣 1 包（300g）
- 白蘿蔔片直徑 10cm、
  厚度 1.5cm（150g）
- 杏鮑菇 1 朵
  （或其他菇類，80g）
- 洋蔥 ¼ 顆（50g）
- 大蔥 15cm
- 青陽辣椒 1 條
  （按口味增減）

湯頭材料

- 熬湯用小魚乾 25 尾
  （25g）
- 昆布 5×5cm 4 片
- 水 4 杯（800㎖）

調味料

- 韓國辣椒粉 1 大匙
- 蒜末 1 大匙
- 韓式味噌醬 3 小匙
  （按鹹度增減）

> **延伸做法**
>
> - 可不放辣椒粉與辣椒，
>   做成孩子也能吃的不辣
>   口味。

1

在熱好的湯鍋中放入小魚
乾，以中火炒 1 分鐘。

2

加入其他湯頭材料轉中小
火煮 25 分鐘後，撈出昆
布、小魚乾。

＊高湯應有 3 杯（600㎖）
量，不夠時加水補足。

3

白蘿蔔片用十字刀法切
開，再切成 0.5cm 厚的片
狀，杏鮑菇先縱切對半，
再切成 0.5cm 厚的片狀。

4

洋蔥切成一口大小，大蔥
切成蔥花，青陽辣椒切成
辣椒圈。調味料放入小碗
內拌成醬料。

5

將白蘿蔔片、洋蔥、醬料
放入步驟②的湯鍋中，以
中火燒煮 13 分鐘，再放
入杏鮑菇、蔥花、青陽辣
椒煮 3 分鐘。

6

加入豆渣拌勻煮 5 分鐘。

櫛瓜豆腐清麴醬鍋 ⋯▸ P246

泡菜野蒜清麴醬鍋 ⋯▸ P247

豬肉小白菜清麴醬鍋 ⋯→ P248

櫛瓜豆腐清麴醬鍋

⊙ **40～45 分鐘**
△ **2～3 人份**
▣ **冷藏 3 天**

- 豬絞肉 100g
- 櫛瓜 ½ 條（135g）
- 板豆腐 ½ 塊（150g）
- 熟成白菜泡菜 ⅔ 杯（100g）
- 清麴醬 1 杯（按鹹度增減，200g）
- 大蔥 20cm
- 紫蘇油 1 大匙

湯頭材料
- 熬湯用小魚乾 25 尾（25g）
- 昆布 5×5cm 4 片
- 水 3 杯（600㎖）

醃料
- 韓國辣椒粉 1 大匙
- 料理酒 1 大匙
- 韓式味噌醬 1 小匙（按鹹度增減）
- 黑胡椒粉少許

延伸做法
- 可搭配白飯淋上一些芝麻油，做成櫛瓜豆腐清麴醬蓋飯。

1
在熱好的湯鍋中放入小魚乾，中火炒 1 分鐘。

2
加入其他湯頭材料轉中小火熬煮 25 分鐘，撈出昆布、小魚乾，將煮好的高湯舀入大碗內。

＊高湯應有 2 杯（400㎖）量，不夠時加水補足。

3
豬絞肉用廚房紙巾包覆吸除血水後，放入大碗內與醃料拌勻醃 10 分鐘。

4
櫛瓜切成 1cm 正方的小塊，大蔥切成蔥花，泡菜輕輕拿掉醃料，切成 1×1cm 的片狀。

5
豆腐用飯匙粗略壓碎。

6
在熱湯鍋中加入紫蘇油、豬絞肉，以中火炒 1 分鐘，再加泡菜炒 1 分鐘。

7
放入櫛瓜、步驟②的高湯以大火煮滾後，計時燒煮 5 分鐘。

8
加入清麴醬、蔥花以中火再次煮滾，計時再煮 5 分鐘。

＊注意時間，清麴醬煮太久會流失風味與營養。

泡菜野蒜清麴醬鍋

⏱ 35～40 分鐘
△ 2～3 人份
🅕 冷藏 2 天

• 熟成白菜泡菜 1 杯
 （150g）
• 豬五花火鍋肉片 150g
• 野蒜 1 把（50g）
• 板豆腐 ½ 塊（150g）
• 大蔥 15cm
• 青陽辣椒 1 條（可省略）
• 紫蘇油 1 大匙
• 清麴醬 ¼ 杯
 （按鹹度增減，50g）
• 韓式味噌醬 1 大匙
 （按鹹度增減）
• 泡菜汁 ¼ 杯（50㎖）

湯頭材料
• 熱湯用小魚乾 25 尾
 （25g）
• 昆布 5×5cm 4 片
• 水 3 ½ 杯（700㎖）

延伸做法

• 可用等量（50g）的薺
 菜替代野蒜。

1
在熱好的湯鍋中放入小魚乾，中火炒 1 分鐘。

2
加入其他湯頭材料轉中小火煮 25 分鐘，撈出昆布、小魚乾，將煮好的高湯舀入大碗內。

＊高湯應有 2 ½ 杯（500㎖）量，不夠時加水補足。

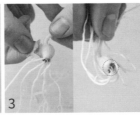

3
剃除枯黃的野蒜葉子與球根外皮，用指尖把根部黑色部分（照片圓框處）摘除，沖水洗淨。

4
用刀尖將球根壓碎，將野蒜切成 3cm 長段。

5
豆腐切成一口大小，泡菜切成 3cm 寬的片狀，大蔥、青陽辣椒斜切成片。

6
在熱好的湯鍋中加入紫蘇油，放入一半蔥片以小火爆香 1 分鐘，再加泡菜轉中火拌炒 3 分鐘。

7
放入五花肉片炒 2 分鐘，倒入泡菜汁、步驟②的高湯，以大火煮 5 分鐘。

8
加清麴醬、韓式味噌醬拌勻，再放豆腐煮 5 分鐘，最後加野蒜、另一半蔥片、青陽辣椒煮 1 分鐘。

豬肉小白菜清麴醬鍋

⏱ **40～45 分鐘**
△ **3～4 人份**
◎ **冷藏 2～3 天**

- 豬梅花燒烤肉片 300g
- 清麴醬 ¾ 杯
  （按鹹度增減，150g）
- 市售燙熟的小白菜 250g
- 洋蔥 ½ 顆（100g）
- 新鮮香菇 3 朵（75g）
- 大蔥 20cm
- 青陽辣椒 1 條
  （按口味增減）
- 紅辣椒 1 條（可省略）
- 水 5 杯（1ℓ）
- 昆布 5×5cm 3 片

醃料
- 蒜末 ½ 大匙
- 料理酒 1 大匙
- 韓式湯用醬油 1 大匙
- 芝麻油少許

調味料
- 韓國辣椒粉 2 大匙
- 紫蘇籽粉 1 大匙
- 蒜末 ½ 大匙
- 韓式味噌醬 ½ 大匙
  （按鹹度增減）

延伸做法
- 小白菜也可自行汆燙：
  將 4 棵（300g）小白菜
  放入滾鹽水（5 杯水＋1
  大匙鹽）中汆燙 1 分鐘
  撈出，沖洗冷水並擠乾
  水分。

1
豬梅花肉片用廚房紙巾吸
除血水，切成一口大小。

2
將肉片放入大碗內與醃料
拌勻醃 10 分鐘。

3
燙熟小白菜用清水洗淨擠
乾水分，先切掉根部，再
切成 4cm 長段。

4
把小白菜放入碗內與調味
料拌勻。

5
洋蔥切成 1cm 寬的粗
條，香菇切成 1cm 寬的
片狀，大蔥、青陽辣椒、
紅辣椒斜切成片。

6
把肉片、小白菜、香菇、
洋蔥、蔥片分區一一放入
湯鍋。

7
接著加入 5 杯水（1ℓ）、
昆布以大火煮滾，蓋鍋蓋
轉中小火煮 20 分鐘。

＊浮沫用湯匙或濾勺撈除。

8
取出昆布，放入清麴醬、
青陽辣椒、紅辣椒轉中火
煮 5 分鐘。

⏱ 20 〜 25 分鐘
△ 2 〜 3 人份
▣ 冷藏 3 〜 4 天

- 嫩豆腐 1 盒（300g）
- 牛胸腹雪花火鍋肉片 200g
- 洋蔥 ¼ 顆（50g）
- 綜合菇 100g
- 大蔥 15cm
- 青陽辣椒 1 條（按口味增減）
- 市售牛骨高湯 2 杯
  （無鹽，400㎖）
- 辣椒油 1 ½ 大匙
- 韓國蝦醬 1 大匙（按口味增減）

調味料
- 韓國辣椒粉 3 大匙
- 蒜末 1 大匙
- 清酒 1 大匙
- 韓式湯用醬油 1 ½ 大匙
- 黑胡椒粉少許

延伸做法
- 可在最後加一顆雞蛋，利用
  餘熱將蛋煮至半熟後享用。

香辣雪花牛嫩豆腐煲

1
洋蔥切成一口大小，綜合菇剝成小條或切成易入口大小，大蔥切成蔥花，青陽辣椒切成辣椒圈。

2
牛胸腹肉片切成 2 〜 3 等分，調味料放入大碗內拌勻，放入肉片、⅓ 蔥花拌勻醃 10 分鐘。
＊肉片先醃再炒，能替湯頭增添風味。

3
在熱湯鍋中加入辣椒油，放入步驟②的肉片、洋蔥，小火拌炒 2 〜 3 分鐘。

4
倒入牛骨高湯、蝦醬以大火煮滾後，放入綜合菇、嫩豆腐、剩餘蔥花、青陽辣椒，轉中小火煮 8 分鐘，可用湯匙將豆腐分切成大塊。

延伸 搭配烏龍麵

長崎風嫩豆腐湯⋯▶ P252

魷魚嫩豆腐湯⋯▶ P253

長崎風嫩豆腐湯

- ⏱ **20 ～ 25 分鐘**
- 🍽 **2 ～ 3 人份**
- ❄ **冷藏 2 ～ 3 天**

- 嫩豆腐 1 盒（300g）
- 蝦子 8 隻（或大蝦仁 12 隻，240g）
- 綠豆芽 2 把（100g）
- 高麗菜 2 片（手掌大小，或娃娃菜 2 片，60g）
- 洋蔥 ¼ 顆（50g）
- 大蔥 20cm
- 青陽辣椒 1 條（按口味增減）
- 韓式湯用醬油 1 小匙
- 鹽少許

- 研磨黑胡椒粉少許
- 食用油 1 大匙
- 柴魚片 1 杯（5g，可省略）
- 市售牛骨高湯 2 ½ 杯（無鹽，500㎖）

延伸做法

- 可搭配烏龍麵享用：將 1 包（200g）烏龍麵條按包裝標示煮熟，再加入鍋中享用。

1
將蝦子處理乾淨。
＊不剝除蝦殼處理參考 P12。

2
牛骨高湯放入湯鍋以大火煮滾，關火放入柴魚片泡 5 分鐘，撈出柴魚片，將高湯舀入大碗內。

3
高麗菜、洋蔥切成 1cm 寬的粗條，大蔥、青陽辣椒斜切成片。

4
綠豆芽以清水洗淨後瀝乾。

5
在熱湯鍋中加入食用油，放入高麗菜、洋蔥、青陽辣椒，以大火炒 1 分鐘。

6
加入綠豆芽、鹽以大火炒 2 ～ 3 分鐘，將所有蔬菜炒到微微焦褐色。

7
加入步驟②的高湯、湯用醬油、蝦子、嫩豆腐，轉中火燒煮 5 分鐘，可用湯匙將豆腐分切成大塊。

8
放入蔥片、研磨黑胡椒粉煮 1 分鐘，再依口味加鹽調味。

魷魚嫩豆腐湯

🕐 40～45 分鐘
🍴 2～3 人份
🧊 冷藏 2～3 天

- 魷魚 1 尾
  （270g，處理後 180g）
- 嫩豆腐 1 盒（300g）
- 洋蔥 ½ 顆（100g）
- 大蔥 20cm
- 蒜末 1 小匙
- 韓式湯用醬油 1 小匙
- 韓國魚露 1 大匙
  （玉筋魚或鯷魚）

湯頭材料
- 熬湯用小魚乾 25 尾
  （25g）
- 昆布 5×5cm 3 片
- 水 7 杯（1.4ℓ）

延伸做法
- 可用等量（180g）的蝦子替代魷魚。

1
在熱好的湯鍋中放入小魚乾，中火炒 1 分鐘。

＊也可把小魚乾鋪在耐熱容器裡，微波加熱 1 分鐘。

2
加入其他湯頭材料轉中小火熬煮 25 分鐘，撈出昆布、小魚乾。

＊高湯應有 6 杯（1.2ℓ）量，不夠時加水補足。

3
洋蔥切成 0.5cm 寬的細絲，大蔥斜切成片。

4
魷魚處理乾淨後，身體部分先縱切對半，再切成 1cm 寬的粗條，腳切成 5cm 的長段。

＊剪開魷魚處理參考 P13。

5
將魷魚、洋蔥、蒜末放入步驟②的湯鍋大火煮滾，再轉中火煮 3 分鐘。

6
放入嫩豆腐、湯用醬油轉大火煮 5 分鐘，可用湯匙將豆腐分切成大塊。

7
加蔥片煮 1 分鐘，再依口味加魚露調味。

海鮮清湯組合技
6 道

黃豆芽章魚清湯
以一整尾章魚、水芹與青陽辣
椒，燒煮成的美味清湯。

⋯→ P255

鮮蝦清湯
加入滿滿的新鮮大蝦，讓湯頭
嚐起來更加甘甜。

⋯→ P255

香辣百菇花蛤湯
花蛤的鮮味充分融入高湯裡，
滋味不僅香辣也很鮮美。

⋯→ P258

鮮辣石斑魚湯
肥厚的石斑魚與豆腐、水芹、
白蘿蔔等豐富配料，成就一道
順口又鮮甜的辣魚湯。

⋯→ P260

芝麻葉小章魚辣湯
小章魚在香辣湯底中稍微燙
熟，吃來軟嫩鮮甜。

⋯→ P261

辣味魷魚鮮蝦湯
Q彈大蝦與整尾魷魚搭配香辣
醬料，燒煮成鮮美辣湯。

⋯→ P264

黃豆芽章魚清湯 ⋯▸ P256

鮮蝦清湯 ⋯▸ P257

黃豆芽章魚清湯

🕐 **25 ～ 30 分鐘**
⌂ **2 ～ 3 人份**
🔲 **冷藏 2 ～ 3 天**

- 章魚 2 尾（280g）
- 黃豆芽 3 把（150g）
- 洋蔥 ½ 顆（100g）
- 新鮮香菇 4 朵
  （或其他菇類，100g）
- 水芹 1 把（50g）
- 大蔥 15cm
- 青陽辣椒 1 條
- 水 4 杯（800㎖）
- 韓國魚露 1 大匙
  （玉筋魚或鯷魚）
- 韓式湯用醬油 1 小匙
- 鹽少許
- 黑胡椒粉少許

> **延伸做法**
>
> - 可用等量（280g）的魷魚替代章魚。

1
將黃豆芽以清水洗淨後瀝乾。大蔥、青陽辣椒斜切成片。

2
洋蔥切成 1cm 寬的條，香菇切成 1cm 寬的片，水芹切成 5cm 長段。

3
把章魚處理乾淨。
＊章魚處理參考 P13。

4
將黃豆芽、洋蔥、香菇、4 杯水（800㎖）放入湯鍋以大火煮滾，再轉中火煮 3 分 30 秒。

5
放入整隻章魚轉大火煮 2 分鐘。

6
加蔥片、青陽辣椒轉中火煮 1 分鐘，再加魚露、湯用醬油煮 3 分鐘。

7
關火加水芹拌勻，依口味加黑胡椒粉、鹽調味。

鮮蝦清湯

⏱ **35～40 分鐘**
🍴 **2～3 人份**
📦 冷藏 2～3 天

- 蝦子 8 隻（240g）
- 黃豆芽 1 把（50g）
- 白蘿蔔片直徑 10cm、
  厚度 1cm（100g）
- 青陽辣椒 1 條
- 大蔥 10cm
- 熬湯用小魚乾 20 尾（20g）
- 昆布 5×5cm
- 水 4½ 杯（900㎖）

- 清酒 1 大匙
- 薑末 ½ 小匙（可省略）
- 韓式湯用醬油 1 小匙
- 蒜末 1 小匙
- 鹽 1¼ 小匙

延伸做法

- 可在最後加入一把茼蒿
  或水芹會更有風味。

1
將蝦子處理乾淨。
＊不剝除蝦殼處理參考 P12。

2
白蘿蔔片先均切成 6 等
分，再切成 0.3cm 厚的片
狀，大蔥、青陽辣椒斜切
成片。

3
把白蘿蔔片、小魚乾、昆
布、4½ 杯 水（900㎖）
放入湯鍋，以大火煮滾。

4
轉中火燒煮 3 分鐘後取出
昆布。

5
以中小火繼續燒煮 7 分鐘
後取出小魚乾，期間不時
撈除浮沫。

6
放入蝦子以大火煮滾，加
清酒、薑末、湯用醬油轉
中火煮 3 分鐘。

7
加入黃豆芽、蒜末煮 3 分
鐘，放入青陽辣椒、蔥片
煮 1 分鐘，再依口味加鹽
調味。

延伸 搭配刀切麵

香辣百菇花蛤湯

⏱ 40～45 分鐘
△ 2～3 人份
▣ 冷藏 2 天

- 綜合菇 200g
- 水芹 2 把（100g）
- 大蔥 20cm
- 青陽辣椒 1 條
- 韓國辣椒粉 2 大匙
- 蒜末 1 大匙
- 韓式湯用醬油 1 大匙
  （按口味增減）
- 韓國魚露 1 大匙
  （玉筋魚或鯷魚，
  按口味增減）

湯頭材料
- 吐過沙的花蛤 1 包
  （500g）
- 昆布 5×5cm 5 片
- 水 8 杯（1.6ℓ）

延伸做法

- 可搭配刀切麵享用：將
  1 包（150g）刀切麵條
  按包裝標示煮熟，最後
  加入鍋中享用。

1
將湯頭材料放入湯鍋以大
火煮滾，再轉中小火燒煮
15 分鐘。
＊浮沫用湯匙或濾勺撈除。
＊花蛤處理參考 P12。

2
撈出花蛤、昆布，將煮好
的高湯舀入大碗內。
＊高湯應有 7½ 杯（1.5ℓ）
量，不夠時加水補足。

3
把撈出的花蛤分成兩碗，
一碗取出蛤肉，一碗待會
連殼一起使用。

4
綜合菇剝成小條或切成易
入口大小。

5
大蔥、青陽辣椒斜切成
片，水芹切成 5cm 長段。

6
把步驟 ② 的高湯、綜合
菇、韓國辣椒粉、蒜末放
入湯鍋中，以大火燒煮 7
分鐘。

7
放入步驟 ③ 的兩碗花蛤、
水芹、蔥片、青陽辣椒煮
1 分鐘。

8
加湯用醬油、魚露調味，
計時燒煮 1 分鐘。

鮮辣石斑魚湯⋯ P262

搭配麵疙瘩 延伸

芝麻葉小章魚辣湯⋯➔ P263

鮮辣石斑魚湯

⏱ 55 ～ 60 分鐘
△ 3 ～ 4 人份
🗄 冷藏 2 天

- 石斑魚 2 尾
  （處理好的，530g）
- 白蘿蔔片直徑 10cm、
  厚度 2cm（200g）
- 板豆腐 ½ 塊（150g）
- 水芹 1 把（70g）
- 洋蔥 ¼ 顆（50g）
- 大蔥 20cm
- 青陽辣椒 1 條
- 鹽少許

湯頭材料
- 熬湯用小魚乾 35 尾
  （35g）

- 昆布 5×5cm 4 片
- 水 5½ 杯（1.1ℓ）

調味料
- 韓國辣椒粉 4 大匙
- 蒜末 2 大匙
- 清酒 2 大匙
- 韓式湯用醬油 1 大匙
- 韓國魚露 ½ 大匙
  （玉筋魚或鯷魚）
- 韓式味噌醬 2 大匙
- 黑胡椒粉 ¼ 小匙

延伸做法

- 可搭配麵疙瘩享用：參考 P321 香辣蕈菇麵疙瘩的麵團做法，取一半放入步驟 ⑦ 中一起煮熟，或用市售生麵疙瘩。

1
在熱好的湯鍋中放入小魚乾，中火炒 1 分鐘。

＊也可把小魚乾鋪在耐熱容器裡，微波加熱 1 分鐘。

2
加入其他湯頭材料轉中小火熬煮 25 分鐘，再撈出昆布、小魚乾。

＊高湯應有 4½ 杯（900㎖）量，不夠時加水補足。

3
白蘿蔔片先用十字刀法切開，再切成 0.3cm 厚的扇形薄片，水芹切成 5cm 長段，洋蔥、豆腐切成一口大小。

4
大蔥、青陽辣椒斜切成片。調味料放入小碗內拌成醬料。

5
將石斑魚、白蘿蔔片、洋蔥、醬料，放入步驟②的湯鍋以大火煮滾。

＊可在魚身上劃出刀痕幫助入味。

6
蓋上鍋蓋轉中火繼續煮 15 分鐘。

＊浮沫用湯匙或濾勺撈除。

7
放入豆腐、蔥片、青陽辣椒轉大火燒煮 5 分鐘。

8
關火後加水芹輕輕拌勻，依口味加鹽調味。

芝麻葉小章魚辣湯

⏱ **40～45 分鐘**
🍽 **2～3 人份**
🧊 **冷藏 2～3 天**

- 小章魚 4～6 尾（400g）
- 黃豆芽 1 把（50g）
- 大蔥 15cm
- 韓國芝麻葉 10 片
  （或水芹，20g）
- 蒜末 1 大匙
- 韓國辣椒粉 ½ 大匙
- 韓式辣椒醬 1½ 大匙
- 韓國魚露 2 小匙
  （玉筋魚或鯷魚）

湯頭材料
- 熬湯用小魚乾 25 尾
  （25g）
- 去頭蝦乾 ½ 杯（15g）
- 昆布 5×5cm 3 片
- 水 3½ 杯（700㎖）

延伸做法
- 可不放辣椒粉與辣椒
  醬，做成孩子也能吃的
  不辣口味。

1

在熱好的湯鍋中放入小魚
乾，以中火炒 1 分鐘。

＊也可把小魚乾鋪在耐熱容
器裡，微波加熱 1 分鐘。

2

加入其他湯頭材料轉中小
火煮 25 分鐘，再撈出昆
布、小魚乾、蝦乾。

＊高湯應有 2½ 杯（500㎖）
量，不夠時加水補足。

3

將黃豆芽以清水洗淨後瀝
乾。大蔥斜切成片，韓國
芝麻葉先縱切對半，再切
成 1cm 寬的粗條。

4

把小章魚處理乾淨。

＊小章魚處理參考 P13。

5

以大火將步驟②的高湯煮
滾，放入黃豆芽蓋上鍋蓋
轉中火煮 4 分鐘。

＊請全程蓋鍋蓋，黃豆芽才
不會有腥味。

6

放入小章魚、蔥片、蒜末
轉大火煮滾後，再計時燒
煮 2 分鐘。

7

加入韓國辣椒粉、韓式辣
椒醬、魚露，轉中小火煮
2 分鐘，關火後加芝麻葉
拌勻。

＊浮沫用湯匙或濾勺撈除。

辣味魷魚鮮蝦湯

⏱ **45～50 分鐘**
🍽 **2～3 人份**
📦 **冷藏 2 天**

- 魷魚 1 尾
  （270g，處理後 180g）
- 蝦子 6 隻（180g）
- 水芹 1 把（70g）
- 白蘿蔔片直徑 10cm、
  厚度 2cm（200g）
- 大蔥 10cm（斜切成片）
- 青陽辣椒 1 條
  （斜切成片）
- 鹽少許

湯頭材料
- 熬湯用小魚乾 25 尾
  （25g）

- 昆布 5×5cm 3 片
- 水 4 杯（800㎖）

調味料
- 韓國辣椒粉 2 大匙
- 蒜末 1 大匙
- 清酒 1 大匙
- 韓式湯用醬油 1 大匙
- 薑末 ½ 小匙（可省略）
- 韓式味噌醬 1 小匙
  （按鹹度增減）

延伸做法
- 可用等量（70g）的韓國芝麻葉或韭菜來替代水芹。

1
在熱好的湯鍋中放入小魚乾，中火炒 1 分鐘。

＊也可把小魚乾鋪在耐熱容器裡，微波加熱 1 分鐘。

2
加入其他湯頭材料轉中小火煮 25 分鐘，再撈出昆布、小魚乾。

＊高湯應有 3 杯（600㎖）量，不夠時加水補足。

3
摘除水芹枯黃的部分，切成 4cm 長段。

4
白蘿蔔片先用十字刀法切開，再切成 1cm 厚的扇形片狀。

5
把蝦子處理乾淨。調味料放入小碗內拌成醬料。

＊不剝除蝦殼處理參考 P12。

6
魷魚處理乾淨後，身體切成 1cm 寬的魷魚圈，腳切成 5cm 的長段，再把魷魚與 1 大匙步驟⑤的醬料拌勻醃漬一下。

＊不剪開魷魚處理參考 P13。

7
將白蘿蔔片、青陽辣椒、剩餘醬料放入步驟②的湯鍋以中火煮滾，再計時煮 5 分鐘，加入魷魚、蝦子待再次煮滾後，計時煮 2 分鐘。

8
放入水芹、蔥片燒煮 1 分鐘，依口味加鹽調味。

冷湯組合技
4 道

黃豆芽彩椒冷湯
燙熟的黃豆芽與新鮮彩椒，為
冷湯增添了爽脆口感。

⋯→ P267

泡菜橡子涼粉冷湯
加入酸酸甜甜的調味料後，湯
頭的層次與美味度也跟著提升。

⋯→ P267

芝麻葉小黃瓜冷湯
冷湯加入切成細絲的小黃瓜、
洋蔥與韓國芝麻葉，滋味清香
爽口。

⋯→ P270

香辣高麗菜冷湯
綜合了各種切成細絲的蔬菜冷
湯，吃來香辣酸爽。

⋯→ P271

黃豆芽彩椒冷湯 ⋯▸ P268

泡菜橡子涼粉冷湯 ⋯▸ P269

黃豆芽彩椒冷湯

⏱ **10 ～ 15 分鐘**
（＋冷卻 **30** 分鐘，
熟成 **30** 分鐘）
△ **2 ～ 3** 人份
▣ 冷藏 **2** 天

- 黃豆芽 2 把（100g）
- 彩椒 1 個（200g）
- 砂糖 2 大匙
  （按口味增減）
- 白醋 4 大匙
  （按口味增減）
- 韓式湯用醬油 2 小匙
- 鹽少許
- 白芝麻粒少許

延伸做法

- 可用等量（200g）的小黃瓜替代彩椒。

1
彩椒切成 0.5cm 寬的絲。

2
黃豆芽放入滾鹽水（3 杯水＋ ½ 小匙鹽）中，蓋鍋蓋以大火汆燙 5 分鐘。

＊請全程蓋上鍋蓋，黃豆芽才不會有腥味。

3
撈出黃豆芽，以冷開水沖洗後瀝乾。汆燙黃豆芽的水放涼備用。

4
黃豆芽擠乾水分後，再對半切開。

5
將汆燙黃豆芽的水、砂糖、白醋、湯用醬油，放入大碗內拌勻，放入冰箱冷藏 30 分鐘。

6
把所有食材放入大碗內拌勻，再放冰箱冷藏熟成 30 分鐘，依口味加鹽調味。

＊冷湯熟成後，食材的味道會讓層次更有深度。食用時加少許冰塊更爽口。

泡菜橡子涼粉冷湯

⏱ **20～25 分鐘**
　（＋冷卻 **30 分鐘**）
△ **2～3 人份**
🈺 冷藏 **2～3 天**

- 橡子涼粉 1 盒（400g）
- 熟成白菜泡菜 1 杯
　（150g）
- 小黃瓜 ¼ 條（50g）
- 洋蔥 ⅛ 顆（25g）

湯頭材料

- 昆布 5×5cm 3 片
- 大蔥 20cm
- 洋蔥 ⅛ 顆（25g）
- 水 5 杯（1ℓ）
- 韓式湯用醬油 2 小匙

調味料

- 青陽辣椒 1 條
　（切碎，按口味增減）
- 韓國辣椒粉 1 大匙
- 白芝麻粒少許
- 蔥末 2 大匙
- 釀造醬油 3 大匙
- 白醋 1½ 大匙
　（按口味增減）
- 砂糖 ⅔ 小匙
　（按口味增減）
- 芝麻油 1 小匙

延伸做法

- 可做成熱的泡菜橡子涼粉湯：用等量（50g）的紅蘿蔔切絲替代小黃瓜，拿掉調味料中的砂糖與白醋，並於步驟②跟涼粉、泡菜、洋蔥、紅蘿蔔、調味料，一起煮 5 分鐘。

1
將湯用醬油以外的湯頭材料放入湯鍋，以大火煮滾後轉小火煮 5 分鐘，再取出昆布。

2
加入湯用醬油繼續煮 5 分鐘，用濾網濾出高湯後，放入冰箱冷藏 30 分鐘。

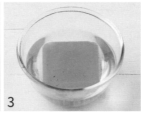

3
橡子涼粉先用熱水浸泡 5 分鐘。

＊橡子涼粉用熱水泡過會更Q彈。

4
撈出涼粉瀝乾水分，切成 0.5cm 寬的細絲。

5
小黃瓜、洋蔥、泡菜切成 0.3cm 寬的細絲。洋蔥絲用冷開水泡 5 分鐘去除辛辣味。

6
把調味料放入小碗內拌成醬汁。

7
將涼粉、泡菜、小黃瓜、洋蔥放入步驟②的高湯中，再依口味一匙加入醬汁調味。

🕙 **10 ～ 15 分鐘**
　（＋熟成 **30** 分鐘）
△ **2 ～ 3** 人份
🔲 冷藏 **2 ～ 3** 天

- 小黃瓜 ½ 條
  （或彩椒 ½ 個，100g）
- 洋蔥 ⅒ 顆（20g）
- 韓國芝麻葉 5 片

湯頭材料
- 砂糖 3 大匙
- 鹽 1 小匙
- 蒜末 ½ 小匙
- 韓式湯用醬油 1 小匙
- 冷開水 2 ½ 杯（500 ㎖）
- 白醋 ½ 杯（100 ㎖）

延伸做法
- 可將 1 把（70g）韓國細麵按包裝標示煮熟後搭配享用。

搭配韓國細麵 延伸

芝麻葉小黃瓜冷湯

1

小黃瓜、洋蔥切成細絲。

2

韓國芝麻葉先縱切對半，再切成 1cm 寬的粗條。

3

把湯頭材料放入大碗內拌勻，加入所有食材再次拌勻，放入冰箱冷藏熟成 30 鐘。

＊冷湯熟成後，食材味道會讓風味更有層次；食用時加少許冰塊更爽口。

⏱ 15 ～ 20 分鐘
　　（＋熟成 30 分鐘）
🍽 2 ～ 3 人份
🗄 冷藏 2 天

• 小黃瓜 ½ 條（100g）
• 紅蘿蔔 ⅒ 條（20g）
• 高麗菜 3 片（手掌大小，90g）
• 青辣椒 1 條（或青陽辣椒）
• 韓國芝麻葉 5 片

湯頭材料
• 砂糖 3 大匙
• 韓式湯用醬油 1 大匙
• 韓式辣椒醬 2 大匙
• 蒜末 1 小匙
• 芝麻油 1 小匙
• 白芝麻粒 1 大匙
• 冰開水 3 杯（600㎖）
• 白醋 ½ 杯（100㎖）

延伸做法
• 可將 1 把（100g）韓國筋麵
  按包裝標示煮熟搭配享用。

香辣高麗菜冷湯

1
把湯頭材料放入大碗內拌
勻，放入冰箱冷藏。

2
小黃瓜、紅蘿蔔切細絲。

3
高麗菜、韓國芝麻葉切成
細絲，青辣椒切成圈。

4
將所有食材放入步驟①的
大碗內拌勻，放回冰箱冷
藏熟成 30 分鐘。

＊冷湯熟成後，食材味道會
讓風味更有層次；食用時加
少許冰塊更爽口。

名店風味

單品料理

下酒菜、輕食點心、不需另外配菜就能飽足的料理，
滋味絕妙堪比餐廳等級！

炒飯&蓋飯組合技
8 道

中華風蛋炒飯

香氣四溢的蔥油,與雞蛋、蝦仁、各種蔬菜合炒,爽口不膩。

⋯ P275

雞肉酪梨什錦飯

靈感取自「紐奧良什錦飯」,並改採雞胸肉製作而成。

⋯ P275

蒜香牛排炒飯

大塊牛排肉與蒜片、蘑菇、自製牛排醬汁,組合成的美味。

⋯ P278

香辣魷魚起司炒飯

用香辣帶勁的火炒魷魚,搭配海苔與起司做成的可口炒飯。

⋯ P279

唐揚炸雞蓋飯

炸至金黃的雞腿肉,與醬汁、蔬菜、米飯組合成美味蓋飯。

⋯ P280

義式茄香肉醬蓋飯

充滿肉香與番茄香的肉醬,加入營養健康的茄子,洋溢義大利風味。

⋯ P282

鮮蔬牡蠣蓋飯

肥美的牡蠣與雞蛋,搭配用醬汁炒成的澆頭,滋味鮮美。

⋯ P284

和風照燒豬排蓋飯

熱騰騰的白飯上,蓋上照燒豬排與清脆爽口的蔥絲。

⋯ P285

中華風蛋炒飯 ⋯→ P276

雞肉酪梨什錦飯 ⋯→ P277

中華風蛋炒飯

⏱ **15 ～ 20 分鐘**
⌓ **2 ～ 3 人份**
🔲 冷藏 1 天

- 白飯 1 ½ 碗（300g）
- 大蔥 30cm
- 洋蔥 ¼ 顆（50g）
- 紅蘿蔔 ⅒ 條
  （20g，可省略）
- 冷凍蝦仁 5 隻（50g）
- 雞蛋 2 顆
- 食用油 2 大匙
- 蠔油 2 大匙
- 芝麻油 1 大匙
- 黑胡椒粉少許

> **延伸做法**
>
> - 可用等量辣椒油替代食用油，並在步驟⑥加入一條切碎的青陽辣椒。

1
大蔥切成蔥花，洋蔥、紅蘿蔔切成粗丁。蝦仁泡冷水解凍後，將每隻蝦均切成 2 ～ 3 小塊。

2
將雞蛋打入小碗內，攪拌成蛋液。

3
在熱鍋中加入食用油，以小火爆香大蔥 1 分鐘。

4
放入洋蔥、紅蘿蔔、蝦仁拌炒 1 分鐘。

5
倒入蛋液轉中火，用鍋鏟翻炒 2 分鐘。

6
加入白飯，豎著鍋鏟輕輕拌炒 1 分鐘。

＊輕輕拌炒才不會破壞米粒完整度。

7
放入蠔油、芝麻油、黑胡椒粉再拌炒 1 分鐘。

雞肉酪梨什錦飯

⏱ 20～25 分鐘
🍽 2～3 人份
🧊 冷藏 1 天

- 白飯 1 ½ 碗（300g）
- 雞胸肉 2 塊（或雞里肌 8 塊，200g）
- 酪梨 1 顆（200g）
- 彩椒 ½ 個（或青椒 1 個，100g）
- 洋蔥 ¼ 顆（50g）
- 墨西哥辣椒 3 條（或青陽辣椒 2 條，30g）
- 食用油 1 大匙
- 研磨黑胡椒粉少許
- 鹽少許

醃料
- 清酒 1 大匙（或韓國燒酒）
- 鹽 ⅓ 小匙
- 研磨黑胡椒粉少許

調味料
- 咖哩粉 1 大匙
- 韓國辣椒粉 ½ 大匙
- 番茄醬 2 大匙
- 蠔油 1 大匙

延伸做法
- 可做成墨西哥捲餅（Burrito）享用：將適量的什錦飯，用墨西哥餅皮包捲起來即可。

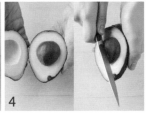

1
雞胸肉切成一口大小與醃料拌勻。

2
調味料放入小碗內拌成醬料。彩椒、洋蔥、墨西哥辣椒切成粗丁。

3
用刀子切入酪梨要碰到籽，以 360° 沿酪梨籽劃一圈。

4
雙手抓住酪梨，旋轉打開成兩半，再用刀子插進酪梨籽，轉一下將籽拿掉。

5
把酪梨的外皮剝掉，切成一口大小。

6
在熱鍋中加入食用油，放入雞胸肉以中火炒 3 分鐘，再加洋蔥炒 2 分鐘。

7
放入白飯、彩椒、酪梨、墨西哥辣椒、醬料，轉小火炒 2 分鐘。

8
關火撒入黑胡椒粉，再依口味加鹽調味。

🕐 **20～25 分鐘**　🍽 **2～3 人份**

- 白飯 1 ½ 碗（300g）
- 嫩肩里肌牛排 200g
- 洋蔥 ¼ 顆（50g）
- 青椒 ½ 個（50g）
- 蘑菇 4 朵（80g）
- 蒜頭 5 粒（切成蒜片，25g）
- 青陽辣椒 1 條
  （切成辣椒圈，可省略）
- 食用油 1 大匙　　• 鹽少許
- 研磨黑胡椒粉少許

醃料
- 料理酒 1 大匙
- 黑胡椒粉少許　　• 鹽 ⅓ 小匙

調味料
- 巴薩米克醋 1 大匙
- 番茄醬 2 大匙　　• 果寡糖 ½ 大匙
- 釀造醬油 2 小匙

延伸做法
- 可用等量（50g）的彩椒或紅
  蘿蔔替代青椒，也能用等量
  （80g）的其他菇類替代蘑菇。

蒜香牛排炒飯

1 牛排用廚房紙巾吸除血水，切成一口大小與醃料拌勻醃 10 分鐘。

2 洋蔥、青椒、蘑菇切成一口大小。調味料放入小碗內拌成醬汁。

3 在熱鍋中加入食用油，以中小火爆香蒜片 2～3 分鐘，再放入洋蔥、青椒、蘑菇、鹽炒 2 分鐘。

4 加牛肉、青陽辣椒轉中火炒 2 分鐘，放入白飯、步驟②醬汁拌炒 2 分鐘，關火撒黑胡椒粉。

⏱ **20 ～ 25 分鐘**
△ **2 ～ 3 人份**

- 白飯 1 ½ 碗（300g）
- 魷魚 1 尾
  （270g，處理後 180g）
- 大蔥 20cm（切成蔥花）
- 切達起司絲 1 杯
  （或起司片 3 片，100g）
- 海苔絲 ½ 杯（30g）
- 蒜末 1 大匙
- 辣椒油 1 大匙

調味料
- 砂糖 1 ⅓ 大匙（按口味增減）
- 韓國辣椒粉 1 大匙
- 釀造醬油 1 大匙
- 芝麻油 1 大匙

| 延伸做法 |

- 可自製辣椒油：用 2 大匙
  食用油與 1 大匙韓國辣椒
  粉，微波（700W）加熱 1
  分鐘後攪拌均勻，再用濾網
  濾出辣椒油。

香辣魷魚起司炒飯

1

將魷魚處理乾淨，身體縱
切對半，再切成 1cm 寬
的粗條，腳切成 1cm 長
段。調味料放入小碗內拌
成醬料。

＊剪開魷魚處理參考 P13。

2

在熱好的深鍋中加入辣椒
油，以大火爆香蒜末、大
蔥 1 分鐘，加魷魚拌炒 1
分鐘。

＊大火快炒才能快速蒸發水
分炒出鍋氣。

3

放入醬料轉中火炒 1 分
鐘，再加白飯炒 2 分鐘
後，將炒飯攤平。

4

均勻撒上起司絲，蓋鍋蓋
以中火加熱 1 分 30 秒～
2 分鐘，待起司融化後撒
海苔絲。

＊也可撒起司後直接用鍋鏟
拌炒 1 分鐘。

搭配高麗菜沙拉 延伸

唐揚炸雞蓋飯

⏱ **30 ～ 35 分鐘**
🍽 **2 人份**

- 熱白飯 1 ½ 碗（300g）
- 雞腿 3 支（300g）
- 洋蔥 ½ 顆（100g）
- 食用油 1 大匙＋7 杯
  （1.4ℓ）

醃料
- 清酒 1 大匙
  （或韓國燒酒）
- 釀造醬油 1 大匙
- 砂糖 1 小匙
- 蒜末 1 小匙
- 薑末 ½ 小匙（可省略）
- 黑胡椒粉少許

麵糊
- 雞蛋 1 顆
- 馬鈴薯太白粉 4 大匙
- 酥炸粉 3 大匙
- 水 3 大匙

調味料
- 水 4 大匙
- 料理酒 2 大匙
- 釀造醬油 1 大匙

延伸做法
- 可在步驟⑤加入一條切碎的青陽辣椒。
- 可搭配高麗菜沙拉（參考 P348）一起享用。

1 雞腿肉切成一口大小。

2 醃料放入大碗拌勻，再加雞腿肉拌勻醃 10 分鐘。

3 取另一大碗將麵糊材料用打蛋器拌勻，並將雞腿肉裹均勻。

4 洋蔥切成細絲。調味料放入小碗內拌成醬汁。

5 在熱好的鍋中加入 1 大匙食用油，放入洋蔥以大火炒 2 分鐘，再加醬汁煮 1 分鐘。

6 把白飯盛盤，淋上適量的步驟⑤。

7 在熱好的深鍋中加入 7 杯（1.4ℓ）食用油，以中火將油溫燒至 180℃（撒入麵包粉僅沉至中等深度，且 2 秒就浮起來），將步驟③的雞腿肉一塊塊放入，邊炸邊翻面炸 3 ～ 4 分鐘後撈出。

8 轉成大火，把炸好的雞肉再放回鍋中，大火油炸 2 ～ 3 分鐘至金黃酥脆，撈出瀝乾油分，放上步驟⑥即可。

＊雞塊回鍋油炸更酥脆。

義式茄香肉醬蓋飯

⏱ **25～30 分鐘**
🍽 **2～3 人份**
🧊 **冷藏 3 天**

- 熱白飯 1 ½ 碗（300g）
- 茄子 1 條（150g）

義大利肉醬
- 牛絞肉 200g
  （或豬絞肉）
- 洋蔥 ¼ 顆（50g）
- 小番茄 10 顆
  （或牛番茄 1 顆，150g）
- 辣椒油 1 大匙＋1 大匙
  （或食用油）
- 市售義大利番茄麵醬 ¾ 杯
  （150㎖）

- 韓國辣椒醬 2 大匙
- 水 1 杯（200㎖）
- 鹽少許
- 研磨黑胡椒粉少許

延伸做法

- 可做成茄子肉醬義大利麵：用義大利麵（1 把，70g）按包裝標示煮熟替代白飯，在最後跟醬料一起拌勻。

- 義大利肉醬可大量煮好，用保鮮袋分裝放入冷凍保存（2 週），解凍後運用在披薩、義大利麵、烤吐司等料理上。

1 茄子先縱切對半，再切成 1cm 厚的片狀。

2 洋蔥切成粗丁，小番茄切成 4 等分。牛絞肉用廚房紙巾吸除血水。

3 在熱好的鍋中加入 1 大匙辣椒油，放入茄子、鹽以大火炒 2～3 分鐘至金黃後盛出備用。

4 在熱好的鍋中加 1 大匙辣椒油，放入牛絞肉、洋蔥以中火炒 5 分鐘。

5 加入小番茄、番茄麵醬、韓式辣椒醬、1 杯水（200㎖），以中小火攪煮 10 分鐘，直到醬汁呈濃稠狀為止。

6 放入步驟③的茄子煮 1 分鐘，關火後撒上黑胡椒粉拌勻。

7 與白飯一起盛盤上桌。

⏱ **15 ～ 20 分鐘**
⌂ **2 ～ 3 人份**

- 白飯 1½ 碗（300g）
- 牡蠣 1 杯（200g）
- 雞蛋 1 顆
- 洋蔥 ¼ 顆（50g）
- 青椒 1 個（100g）
- 紅蘿蔔 ⅕ 條
  （或彩椒 ½ 個，40g）
- 大蔥 10cm
- 食用油 1 大匙
- 蒜末 ½ 大匙
- 芝麻油 ½ 大匙
- 黑胡椒粉少許

調味料
- 砂糖 1 大匙
- 釀造醬油 1½ 大匙
- 水 ¾ 杯（150㎖）

延伸做法
- 可做成鮮蔬牡蠣拌麵：將韓國細麵（1 把，70g）按包裝標示煮熟後替代白飯，在最後與醬料拌勻。

鮮蔬牡蠣蓋飯

1
將牡蠣用濾網盛裝，放入鹽水（4 杯水＋1 大匙鹽）中輕輕抓洗後瀝乾。
＊牡蠣太用力洗會變更腥。

2
洋蔥、青椒切成 0.5cm 寬的細絲，紅蘿蔔切成 0.3cm 寬的細絲，大蔥斜切成片。雞蛋打入小碗內拌成蛋液。

3
在熱鍋中加食用油，放入洋蔥、大蔥、蒜末以中火拌炒 1 分鐘後，放入牡蠣、青椒、紅蘿蔔轉大火炒 1 分鐘，再加調味料煮 2 分鐘。

4
均勻倒入步驟②的蛋液，大火煮 30 秒，關火後加芝麻油、黑胡椒粉拌勻，再與白飯一起盛盤上桌。
＊蛋液凝固後再攪動。

⏱ 20 ～ 25 分鐘
⌂ 2 ～ 3 人份

• 白飯 1 ½ 碗（300g）
• 豬梅花肉排 300g
• 蔥絲 25g
• 食用油 1 大匙

和風照燒醬
• 釀造醬油 2 ½ 大匙
• 水 2 大匙
• 料理酒 1 大匙
• 蜂蜜 1 大匙
• 薑末 ½ 小匙

延伸做法

• 可用等量（300g）的去骨雞腿肉（3 片）替代豬梅花肉。

和風照燒豬排蓋飯

1 豬排用刀尖刺幾下斷筋。照燒醬材料放入小碗內拌勻。

2 在熱鍋中加入食用油，放入豬排以中火煎 3 分鐘後，再翻面煎 4 分鐘。

3 加照燒醬以中小火煨煮 4 ～ 6 分鐘後，將豬排切成易入口大小。

4 把白飯盛碗，放入豬排、蔥絲淋上照燒醬汁。

拌飯＆營養飯組合技
8 道

特製青陽辣椒拌飯
酸爽的青陽辣椒和小黃瓜、香炒牛絞肉，一起淋在飯上。
⋯→ P287

香辣血蛤拌飯
鮮甜的血蛤肉、清脆的小黃瓜辣椒與香辣醬料完美結合。
⋯→ P287

明太子黃金蒜片拌飯
甘鮮鹹香的明太子裏上芝麻油香氣，搭配金黃酥脆的炸蒜片。
⋯→ P290

POKE 夏威夷生鮭魚拌飯
把切塊生鮭魚、酪梨等新鮮配料，放在香噴噴的米飯上。
⋯→ P291

人蔘雞絲營養飯
用雞胸肉輕鬆做出美味、滋補又養生的營養飯。
⋯→ P292

小黃瓜辣椒營養飯
牛絞肉加白米煮成香甜軟糯的米飯，再加小黃瓜辣椒。
⋯→ P293

鮑魚香菇營養飯
每一口都美味滿滿營養豐富，吃來清爽風味又絕佳。
⋯→ P296

煙燻鴨肉泡菜營養飯
多汁的煙燻鴨肉搭配酸香泡菜煮成，不需要其他小菜。
⋯→ P297

香辣血蛤拌飯 … ➜ P289

特製青陽辣椒拌飯 … ➜ P288

特製青陽辣椒拌飯

⏱ **25 〜 30 分鐘**
🍽 **2 〜 3 人份**
🧊 **冷藏 2 天**

- 熱白飯 1½ 碗（300g）
- 牛絞肉 150g
  （或牛梅花燒烤肉片、
  豬絞肉）
- 洋蔥 ¼ 顆（切成小丁，
  50g）
- 現磨白芝麻粉 4 大匙
- 食用油 1 小匙（炒洋蔥）
  ＋1 大匙（炒牛絞肉）
- 芝麻油 2 大匙

調味料
- 釀造醬油 1½ 大匙
- 清酒 1 大匙
- 韓國梅子醬 1 大匙
  （或果寡糖）
- 蒜末 1 小匙
- 黑胡椒粉少許

醋醃青陽辣椒
- 青陽辣椒 4 條
  （切成碎末，或青辣椒）
- 小黃瓜 ½ 條（100g）
- 白醋 2 大匙

延伸做法
- 可做成青陽辣椒海苔飯卷：完成步驟⑧後，將所有食材拌勻，鋪在海苔片上緊密捲好。

1 牛絞肉用廚房紙巾吸除血水後，放入大碗內與調味料拌勻醃 10 分鐘。

2 用 1 大匙鹽搓小黃瓜表皮，再以冷開水洗淨，用刀子刮除表皮突刺。

3 小黃瓜先切成 5cm 長的段，再如照片豎起切三刀，並將切下的瓜芯（照片中圓圈處）丟棄。

4 把小黃瓜切成 0.5cm 見方的小丁。

5 將醋醃青陽辣椒的材料全部放入大碗內拌勻。

6 在熱好的鍋中加入 1 小匙食用油，放入洋蔥丁以中火拌炒 1 分鐘後，趁熱倒入步驟⑤的大碗內拌勻。

＊趁洋蔥溫熱時拌更入味。

7 在熱好的鍋中加入 1 大匙食用油，放入步驟①以中火炒 2 分鐘，轉大火炒 1 分鐘，期間要豎著鍋鏟炒才容易把絞肉炒散。

8 把白飯與芝麻油放入大碗內拌勻，再將所有的拌飯配料分區放上。

香辣血蛤拌飯

⏱ **30～35分鐘**
△ **2～3人份**
▣ **冷藏2天**

• 熱白飯2碗（400g）
• 血蛤45～50個（500g）
• 小黃瓜辣椒4條
　（或青陽辣椒，120g）
• 大蔥20cm（或珠蔥）

調味料
• 韓國辣椒粉1大匙
• 白芝麻粒2大匙
• 釀造醬油1½大匙
• 芝麻油2大匙
• 砂糖1小匙

延伸做法

• 可用烤過的海苔片或韓國芝麻葉，把拌飯包起來吃。

1
大碗內倒入蓋過血蛤的水，反覆搓洗外殼，再用清水沖洗乾淨。

2
鍋中加入大量清水以大火煮滾，放入血蛤、清酒（少許）攪煮2～4分鐘至殼口打開。

3
撈出血蛤瀝乾後，取出血蛤肉。

＊若殼口沒打開，可用湯匙抵住殼頂，稍微用力將匙面轉動幾次就能打開。

4
小黃瓜辣椒切成0.5cm寬的辣椒圈，大蔥切蔥花。

5
調味料放入大碗內拌成醬料，加入白飯以外的所有食材輕輕拌勻。

6
把白飯盛入碗內，放上適量的步驟⑤。

⏱ **20～25 分鐘**
⌂ **2 人份**

- 熱白飯 2 碗（400g）
- 明太子 3～4 條
  （80g，按鹹度增減）
- 大蔥 15cm（切成蔥花）
- 蒜頭 10 粒（50g）
- 貝比生菜 2 把（50g）
- 洋蔥 ¼ 顆
  （切成細絲，50g）
- 白芝麻粒 1 大匙
- 芝麻油 2 大匙
- 食用油 6 大匙

延伸做法

- 可搭配煎蛋或生蛋黃一起享用。

明太子黃金蒜片拌飯

1 蒜頭切片用冷開水浸泡 10 分鐘，再撈出瀝掉水分。用水洗去明太子醃料，切成 0.5cm 寬的小塊，與蔥花、白芝麻粒、芝麻油拌勻。

2 在熱鍋中加入食用油與蒜片，以小火將蒜片邊炸邊翻面，炸 3～4 分鐘至金黃色。

3 將炸蒜片放在廚房紙巾上吸除油脂。

4 把白飯盛入碗內，分區放上貝比生菜、洋蔥絲、步驟①的明太子、步驟②炸蒜片。

⏱ 10 ～ 15 分鐘
　（＋醃漬 30 分鐘）
🍽 2 人份

- 熱白飯 1½ 碗（300g）
- 生鮭魚片 200g（生食等級）
- 酪梨 1 顆（200g）
- 貝比生菜 2 把（50g）
- 洋蔥 ¼ 顆（50g）

調味料
- 白芝麻粒 1 大匙
- 白醋 1 大匙
- 釀造醬油 1 大匙
- 果寡糖 ½ 大匙
- 芝麻油 1 小匙
- 山葵醬 ½ 小匙
　（按口味增減）

延伸做法
- 在最後加入香菜與檸檬汁，能激盪出更豐富的異國風味。

POKE 夏威夷生鮭魚拌飯

1

生鮭魚片切成一口大小。
調味料放入大碗拌勻，再
加鮭魚拌勻醃 30 分鐘。

2

酪梨處理好後切成一口大
小。
＊酪梨處理參考 P277。

3

洋蔥切成細絲。
＊不喜歡洋蔥的辛辣，可以
冷開水泡 10 分鐘，再用廚房
紙巾將水分吸乾。

4

把白飯盛入碗內，將其他
配料分區放上。

人蔘雞絲營養飯 ⋯▶ P294

小黃瓜辣椒營養飯 ⋯⋯▸ P295

人蔘雞絲營養飯 [1]

🕐 50～55 分鐘
🍽 2～3 人份
🧊 冷藏 2 天

- 糯米 1½ 杯
  （浸泡前 240g）
- 雞胸肉 2 塊
  （或雞里肌 8 塊，200g）
- 水蔘 ½ 株（15g，按口味
  增減，可省略）
- 蒜頭 2 粒（10g）
- 紅棗 2 顆
- 芝麻油少許
- 煮雞肉的水 1½ 杯
  （300㎖）

調味佐醬
- 釀造醬油 2 大匙
- 芝麻油 1 大匙
- 果寡糖 1 小匙

延伸做法

- 可用壓力鍋烹煮：完成
  步驟⑤後，把芝麻油與
  調味佐醬以外的所有材
  料放入壓力鍋中拌勻，
  蓋鍋蓋大火燒煮至洩壓
  閥出聲，轉小火煮 8 分
  鐘。關火待蒸氣散去，
  加入芝麻油拌勻。

1　大碗內倒入蓋過糯米的水，浸泡 30 分鐘後瀝乾。起一鍋煮雞肉的滾水（4 杯）備用。

2　水蔘切成 0.5cm 厚的片狀，蒜頭切成蒜片。

3　紅棗去籽後切成細絲。

4　雞胸肉放入步驟①的滾水中以中火煮 15 分鐘，並留下 1½ 杯（300㎖）煮雞肉水備用。

5　雞胸肉放涼後剝絲。

6　把芝麻油與調味佐醬以外的所有材料放入鑄鐵鍋（或湯鍋）中拌勻，以大火煮滾後，蓋鍋蓋轉小火煮 10 分鐘。

7　關火後燜 10 分鐘，開蓋加入芝麻油拌勻，再與調味佐醬一起上桌。

---

1. 營養飯是以生米加入各種食材與調味料煮成的米飯，類似日本的雜炊飯。

小黃瓜辣椒營養飯

⏱ 50～55 分鐘
🍽 2～3 人份
🧊 冷藏 2 天

- 白米 1½ 杯
  （浸泡前 240g）
- 小黃瓜辣椒 6 條
  （約 200g）
- 牛絞肉 200g
- 洋蔥 ¼ 顆（50g）
- 水 1½ 杯（300㎖）

醃料
- 清酒 1 大匙
- 釀造醬油 1 大匙
- 砂糖 1 小匙
- 黑胡椒粉少許

調味佐醬
- 大蔥 15cm（切成蔥花）
- 釀造醬油 2 大匙
- 白芝麻粒 1 大匙
- 紫蘇油 1 大匙
- 砂糖 ½ 小匙

延伸做法
- 可用壓力鍋烹煮：完成步驟 ④ 後，將白米、水、牛絞肉、洋蔥放入壓力鍋中拌勻，蓋鍋蓋以大火煮至洩壓閥出聲，轉小火煮 8 分鐘。關火待蒸氣散去，加入小黃瓜辣椒再燜 5 分鐘。

1
大碗內倒入蓋過白米的水，浸泡 30 分鐘後將水瀝乾。

2
將牛絞肉放入小碗內與醃料拌勻。

3
小黃瓜辣椒切成 1cm 寬的辣椒圈，洋蔥切成 0.3cm 寬的細絲。

4
調味佐醬材料放入小碗內拌勻。

5
將白米、1½ 杯（300㎖）清水、牛絞肉、洋蔥放入鑄鐵鍋（或湯鍋）中拌勻，以大火煮滾後蓋鍋蓋轉小火煮 10 分鐘，關火燜 5 分鐘。

6
放入小黃瓜辣椒，蓋鍋蓋再燜 5 分鐘後把飯拌勻，與調味佐醬一起端上桌。

⏱ 50 ～ 55 分鐘
△ 2 ～ 3 人份
🄯 冷藏 2 天

• 白米 ½ 杯（浸泡前 80g）
• 糯米 1 杯（浸泡前 160g）
• 鮑魚 3 顆
• 新鮮香菇 5 朵（125g）
• 紫蘇油 1 大匙
• 蒜末 1 大匙
• 水 1 ½ 杯（300㎖）

調味佐醬
• 白芝麻粒 1 大匙
• 釀造醬油 1 大匙
• 紫蘇油 1 大匙
• 青陽辣椒 1 條（切成辣椒圈）

延伸做法

• 可用壓力鍋烹煮：在熱好的壓
力鍋中完成步驟②後，加水、
蓋鍋蓋以大火煮至洩壓閥出
聲，轉小火煮 8 分鐘。關火待
蒸氣散去，開蓋加入鮑魚肉，
再蓋鍋蓋小火煮 3 分鐘。

鮑魚香菇營養飯

1

大碗內倒入蓋過白米與糯
米的水，浸泡 30 分鐘後
瀝乾。將鮑魚處理乾淨，
肉與內臟分開盛裝。香菇
切成薄片。調味佐醬材料
放入小碗內拌勻。

＊鮑魚處理參考 P12。

2

將白米、糯米、香菇、紫
蘇油、蒜末、鮑魚內臟，
放入鑄鐵鍋（或湯鍋）
中，以中小火拌炒 4 ～ 5
分鐘。

3

放入 1 ½ 杯（300㎖）清
水大火煮滾，蓋鍋蓋轉小
火煮 10 分鐘，再放鮑魚
肉煮 3 分鐘。

4

關火後燜 10 分鐘，把飯
拌勻後與調味佐醬一起端
上桌。

⏱ 50 ～ 55 分鐘
⌂ 2 ～ 3 人份
🄫 冷藏 2 天

• 白米 1 杯（浸泡前 160g）
• 糯米 ½ 杯（浸泡前 80g）
• 煙燻鴨肉 200g
• 熟成白菜泡菜 1 杯（150g）
• 蒜頭 6 粒（30g，可省略）
• 大蔥 10cm（切成蔥花）
• 水 1¼ 杯（250㎖）

醃料
• 韓國辣椒粉 2 小匙
• 砂糖 1 小匙
• 釀造醬油 2 小匙

延伸做法

• 可用壓力鍋烹煮：完成步驟
②後，把蔥花以外的所有材
料放入壓力鍋中拌勻，蓋鍋
蓋以大火煮至洩壓閥出聲，
轉小火煮 8 分鐘。關火待
蒸氣散去，加入蔥花拌勻。

煙燻鴨肉泡菜營養飯

1
大碗內倒入蓋過白米與糯
米的水，浸泡 30 分鐘後
將水瀝乾。

2
將蒜頭切成蒜片，煙燻鴨
肉切成一口大小。拿掉泡
菜上的醃料切成小丁，與
醃料拌勻。

3
將 白米、糯米、1¼ 杯
（250㎖）清水放入鑄鐵
鍋（或湯鍋）中，以大火
煮滾後，加入鴨肉、泡
菜、蒜片，蓋上鍋蓋轉小
火煮 10 分鐘。

4
關火後燜 10 分鐘，再加
入蔥花拌勻。

飯卷＆壽司組合技
8 道

牛肉塔可海苔飯卷

靈感取自墨西哥塔可（Taco），充滿異國風情。

⋯→ P299

酪梨午餐肉海苔飯卷

嚐到火腿的鹹香與酪梨的香甜，再搭配蘸醬增添風味。

⋯→ P299

香辣豬肉手握飯糰

香辣爽口的燒肉片搭配洋蔥、紅蘿蔔與新鮮蔬菜，料多味美。

⋯→ P302

泡菜牛肉手握飯糰

把脆口的泡菜與牛絞肉稍微調味，捏製成的迷你飯糰。

⋯→ P303

牛肉鬆豆皮壽司

將牛絞肉炒得酥鬆乾爽，搭配調味米飯做成豆皮壽司。

⋯→ P304

咖哩鮪魚豆皮壽司

鮮香的鮪魚用咖哩粉炒出香氣，放在調味米飯上，別具風味。

⋯→ P305

蟹肉沙拉豆皮壽司

以蟹肉、小黃瓜搭配香醇美乃滋，美味又老少咸宜。

⋯→ P306

嫩蛋豆皮壽司

炒蛋以美乃滋帶出軟嫩與香氣，再結合調味米飯滋味迷人。

⋯→ P307

牛肉塔可海苔飯卷
⋯▶ P300

酪梨午餐肉海苔飯卷
⋯▶ P301

牛肉塔可海苔飯卷

🕐 **25～30 分鐘**
△ **2～3 人份**

- 熱白飯 2 碗（400g）
- 牛梅花燒烤肉片 200g
- 高麗菜 2 片
  （或萵苣類蔬菜，60g）
- 洋蔥 ¼ 顆（50g）
- 彩椒 ¼ 個
  （或紅蘿蔔 ⅕ 條，50g）
- 起司片 2 片
- 原味海苔片 2 片
  （A4 大小）
- 食用油 1 大匙

醃料
- 料理酒 1 大匙
- 釀造醬油 ½ 大匙
- 鹽少許

調味料
- 白醋 ½ 大匙
- 番茄醬 3 大匙
- 山葵醬 ½ 大匙
  （按口味增減）
- 韓國辣椒粉 1 小匙

延伸做法
- 可做成牛肉塔可蓋飯：拿掉材料中的海苔片，並把起司片切碎，完成步驟⑤後，將所有食材放入碗內即可。

1

牛肉片用廚房紙巾吸除血水，每塊再均切成 3～4 小塊，與醃料拌勻醃 10 分鐘。

2

高麗菜、洋蔥盡量切成細絲，彩椒切成 0.5cm 寬的細絲，起司片對半切開。

3

調味料放入小碗內拌成醬料。

4

在熱鍋中加入食用油，放入牛肉、洋蔥以中火拌炒 3 分鐘，再轉大火炒 1 分鐘後關火。

5

待肉片放涼後，放入步驟③的醬料拌勻。

＊肉片放涼再加醬料，山葵香辣味才不會流失。

6

將 ½ 的白飯均勻鋪在海苔片 ⅔ 的表面上，擺上各 ½ 的起司片→高麗菜絲→步驟⑤→彩椒緊密捲好。按相同方式做出另一條後，再切成一口大小。

＊刀上抹芝麻油再切飯卷。

酪梨午餐肉海苔飯卷

🕐 **25～30 分鐘**
△ **2～3 人份**

- 熱白飯 2 碗（400g）
- 酪梨 1 顆（200g）
- 午餐肉罐頭 1 個
  （小罐，200g）
- 高麗菜 3 片
  （手掌大小，或紅蘿蔔
  ½ 條，90g）
- 原味海苔片 3 片
  （A4 大小）
- 美乃滋 1 大匙

調味料＿白飯
- 芝麻油 1 大匙
- 白芝麻粒 1 小匙
- 鹽 ½ 小匙

蘸醬
- 青陽辣椒 1 條
  （切成碎末）
- 砂糖 ½ 大匙
- 冷開水 1 大匙
- 釀造醬油 1 大匙
- 白醋 ½ 大匙

> **延伸做法**
> - 可做成酪梨午餐肉拌
>   飯：拿掉材料中的海苔
>   片，並在完成步驟④
>   後，將所有食材放入大
>   碗內拌勻。

1
將高麗菜切細絲與美乃滋
拌勻。午餐肉先橫剖成
1cm 厚的片狀，再縱切成
1cm 寬的長條。

2
酪梨處理好後縱切成 1cm
寬的長條。

＊酪梨處理參考 P277。

3
把白飯與調味料放入大碗
內拌勻。

4
在熱好的鍋中放入午餐
肉，以中火邊煎邊翻面煎
3～4 分鐘至金黃。

5
將 ⅓ 的白飯均勻鋪在海苔
片 ⅔ 的表面上，依序擺上
各 ⅓ 的高麗菜絲、午餐肉
與酪梨後，緊密捲好。

6
按相同方式做出另兩條飯
卷後，切成一口大小，與
拌勻的蘸醬一起上桌。

＊刀上抹芝麻油再切飯卷。

🕐 **25〜30 分鐘**　🍚 **2 人份**

- 熱白飯 2 碗（400g）
- 豬梅花燒烤肉片 150g
- 原味海苔片 2 片（A4 大小）
- 洋蔥 ¼ 顆（切成細絲，50g）
- 紅蘿蔔 ¼ 條（切成細絲，50g）
- 萵苣類蔬菜 4 片（或韓國芝麻葉，20g）
- 起司片 2 片　　• 食用油 1 大匙

調味料＿豬肉

- 砂糖 1 大匙
- 韓國辣椒粉 ½ 大匙
- 清酒 1 大匙（或韓國燒酒）
- 釀造醬油 ½ 大匙
- 韓式辣椒醬 1 大匙
- 芝麻油 ½ 大匙　• 蒜末 1 小匙

調味料＿白飯

- 芝麻油 1 大匙　• 鹽 ½ 小匙

延伸做法

- 若不習慣紅蘿蔔生吃，可在熱好的鍋中加入 1 小匙食用油，以中小火拌炒紅蘿蔔絲 1 分鐘再使用。

香辣豬肉手握飯糰

1
豬肉片用廚房紙巾吸除血水，再切成一口大小與調味料拌勻。在熱鍋中加入食用油，放入豬肉、洋蔥以中火炒 6〜7 分鐘後盛出備用。

2
把白飯與調味料拌勻。砧板鋪上一張保鮮膜，放上 1 片海苔片，再將 ¼ 白飯揉成圓扁狀放在海苔的正中間。

3
依序擺上 ½ 的紅蘿蔔絲 → 1 片起司 → ½ 的步驟 ① → 2 片萵苣，再將 ¼ 的白飯揉成圓扁狀後蓋在上面。

4
把保鮮膜的四角往中間拉，讓海苔片包覆配料，再將保鮮膜束起來旋緊，固定好後對半切開。按相同方式做出另外一份。
＊刀上抹芝麻油再切飯糰。

⏱ 20 ～ 30 分鐘
△ 2 人份

- 熱白飯 1½ 碗（300g）
- 熟成白菜泡菜 1 杯（150g）
- 牛絞肉 100g（或豬絞肉）
- 食用油 1 小匙

調味料＿牛肉
- 砂糖 ½ 小匙
- 蒜末 1 小匙
- 清酒 2 小匙（或韓國燒酒）
- 釀造醬油 1½ 小匙
- 芝麻油 1 小匙

調味料＿白飯
- 白芝麻粒 1 大匙
- 芝麻油 1 大匙
- 鹽 ¼ 小匙

延伸做法

- 可做成泡菜牛肉拌飯：
  完成步驟③後，將所有
  食材放入大碗內拌勻，
  再放上一顆煎蛋。

泡菜牛肉手握飯糰

1
牛絞肉用廚房紙巾吸除血
水，放入大碗內與調味料
拌勻醃 10 分鐘。

2
拿掉泡菜上的醃料擠乾汁
液，再切成 1cm 見方的
小丁。白飯與調味料放入
大碗內拌勻。

3
在熱鍋中加入食用油，放
入牛絞肉以中火炒 2 分
鐘，再轉大火炒 1 分 30
秒至微微酥脆，要豎著鍋
鏟炒把絞肉炒散。

4
把泡菜、牛絞肉放入步驟
②的大碗與白飯拌勻，再
捏成一口大小的圓飯糰。

⏱ **25 ～ 30 分鐘**
△ **14 個**

- 熱白飯 1½ 碗（300g）
- 市售四角壽司豆皮 1 包
  （14 個，160g）
- 牛絞肉 200g
- 食用油 1 大匙

調味料＿牛肉
- 青陽辣椒 2 條（切成碎末）
- 砂糖 1 大匙
- 釀造醬油 1½ 大匙
- 清酒 1 大匙（或韓國燒酒）
- 蒜末 1 小匙
- 芝麻油 1 小匙
- 黑胡椒粉少許

調味料＿白飯
- 白芝麻粒 1 大匙
- 芝麻油 1 大匙
- 鹽 ⅓ 小匙

延伸做法
- 可以不加青陽辣椒，做成孩子也能吃的不辣口味。

牛肉鬆豆皮壽司

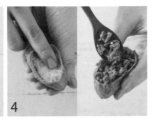

1
牛絞肉用廚房紙巾吸除血水，放入大碗內與調味料拌勻。

2
在熱鍋中加入食用油，放入步驟①以中火拌炒 3 ～ 4 分鐘至酥鬆乾爽，過程豎著鍋鏟炒把絞肉炒散。

3
把白飯與調味料放入大碗內拌勻。用手將豆皮上多餘的汁液輕輕擠乾。
＊太用力會將豆皮弄破。

4
將白飯填至豆皮一半的深度，並用手指把飯稍微壓平，放上適量的步驟②即可。再按相同方式做出 13 個壽司。

⏱ **25 ～ 30 分鐘**
◠ **14 個**

• 熱白飯 1½ 碗（300g）
• 市售四角壽司豆皮 1 包
  （14 個，160g）
• 鮪魚罐頭 1 個（150g）
• 洋蔥 ¼ 顆（切成小丁，50g）
• 食用油 1 大匙
• 咖哩粉 1 大匙

調味料＿白飯

• 白芝麻粒 1 大匙
• 芝麻油 1 大匙
• 鹽 ⅓ 小匙

延伸做法

• 可做成咖哩鮪魚海苔飯卷：
  拿掉材料中的豆皮，並將白
  飯與步驟②鋪在海苔片上捲
  好即可。

咖哩鮪魚豆皮壽司

1

鮪魚用濾網瀝掉油分。

2

在熱鍋中加入食用油，以
小火爆香洋蔥 1 分鐘，放
入步驟①的鮪魚、咖哩粉
炒 1 分鐘。

3

把白飯與調味料放入大碗
內拌勻。將豆皮上多餘的
汁液輕輕擠乾。
＊太用力會將豆皮弄破。

4

將白飯填滿至豆皮一半的
深度，用手指把飯稍微壓
平，放上適量的步驟②
即可。再按相同方式做出
13 個壽司。

⏱ 25～30 分鐘
△ 14 個

• 熱白飯 1 ½ 碗（300g）
• 市售四角壽司豆皮 1 包
　（14 個，160g）
• 蟹肉棒 4 根（短型，80g）
• 小黃瓜 ¼ 條（或彩椒，50g）

沙拉醬
• 白醋 1 大匙
• 美乃滋 1 ½ 大匙
• 果寡糖 ½ 大匙
• 鹽少許
• 黑胡椒粉少許

調味料＿白飯
• 白芝麻粒 1 大匙
• 砂糖 1 小匙
• 鹽 ⅔ 小匙
• 白醋 2 小匙
• 芝麻油 2 小匙

延伸做法
• 搭配蘸醬美味加倍：將 1 大匙
　冷開水、1 大匙釀造醬油、1
　小匙山葵醬拌勻。

蟹肉沙拉豆皮壽司

1
蟹肉棒撕成小條，小黃瓜
切成細絲。

2
先將沙拉醬材料放入大碗
拌勻，再加入步驟①輕輕
拌勻。

＊要吃之前再拌，否則放太
久容易出水。

3
把白飯與調味料放入大碗
內拌勻。將豆皮上多餘的
汁液輕輕擠乾。

＊太用力會將豆皮弄破。

4
將白飯填滿豆皮一半的深
度，用手指把飯稍微壓
平，放上適量的步驟②即
可。再按相同方式做出
13 個壽司。

⏱ 25 ～ 30 分鐘
△ 14 個

- 熱白飯 1½ 碗（300g）
- 市售四角壽司豆皮 1 包
  （14 個，160g）
- 食用油 1 大匙

調味蛋液
- 雞蛋 4 顆
- 美乃滋 1 大匙
- 砂糖 ⅓ 小匙
- 鹽少許
- 黑胡椒粉少許

調味料＿白飯
- 白芝麻粒 1 大匙
- 芝麻油 1 大匙
- 砂糖 1 小匙
- 釀造醬油 2 小匙

延伸做法
- 可將 2 大匙美乃滋、1 大匙韓式辣椒醬、1 大匙果寡糖拌成醬料，放在壽司上享用。

嫩蛋豆皮壽司

1
調味蛋液的材料全部放入大碗內，用打蛋器拌勻。

2
在熱鍋中加入食用油，倒入步驟①以中小火並用筷子約略炒 2 分鐘。

3
把白飯與調味料放入大碗內拌勻。將豆皮上多餘的汁液輕輕擠乾。
＊太用力會將豆皮弄破。

4
將白飯填滿豆皮一半的深度，用手指把飯稍微壓平，放上適量的步驟②即可。再按相同方式做出 13 個壽司。

玉米餅&三明治組合技
8 道

巴薩米克醋牛肉捲餅
將厚片牛肉用巴薩米克醋燜煮，搭配蔬菜做成美味捲餅。
⋯→ P309

奶油培根雞蛋披薩
把奶油醬抹在墨西哥餅皮上，加入雞蛋、滿滿的起司。
⋯→ P309

羅勒青醬雞肉披薩
每口都能嚐到雞肉的軟嫩，與青醬獨有的馥郁香氣。
⋯→ P312

起司玉米墨西哥酥餅
餅皮內夾入各種配料，烤製成特色料理「墨西哥酥餅」。
⋯→ P313

古巴三明治
由大塊肉片與美式黃芥末醬交織而成，風味獨特！
⋯→ P314

酪梨蘑菇三明治
蔬菜用巴薩米克醋炒香，與酪梨、吐司組成美味的三明治。
⋯→ P315

凱薩沙拉三明治
凱薩沙拉用吐司夾起，變身美味又方便的三明治。
⋯→ P316

越式雞蛋三明治
以加入在來米粉做成的越式法國麵包，夾入蘿蔔泡菜與肉片。
⋯→ P317

巴薩米克醋牛肉捲餅
···▶ P310

奶油培根雞蛋披薩
···▶ P311

巴薩米克醋牛肉捲餅

⏱ **25～30 分鐘**
🍽 **2～3 人份**
❄ **冷藏 2 天**

- 墨西哥餅皮 3 片（8 吋）
- 嫩肩里肌牛排 300g（厚度 1.5cm）
- 洋蔥 ¼ 顆（50g）
- 蘑菇 5 朵（或其他菇類，100g）
- 彩椒 ½ 個（或青椒 1 個，100g）
- 芥末菜 6～8 片（或其他萵苣類蔬菜，40g）
- 美式黃芥末醬 2 大匙
- 食用油 1 大匙＋1 大匙
- 鹽少許
- 研磨黑胡椒粉少許

醃料
- 清酒 1 大匙（或韓國燒酒）
- 鹽 ½ 小匙

調味料
- 砂糖 2 大匙
- 巴薩米克醋 4 大匙
- 冷開水 2 大匙
- 釀造醬油 1 大匙

延伸做法
- 可用白吐司、巧巴達或法國麵包替代墨西哥餅皮，夾入相同的配料做成三明治。

1　牛排用廚房紙巾吸除血水後，與醃料拌勻醃 10 分鐘。調味料放入小碗內拌成醬汁。

2　洋蔥、蘑菇、彩椒切成 0.5cm 寬的細絲。墨西哥餅皮烤好備用（參考 P331 的步驟③）。

3　在熱好的鍋中加入 1 大匙食用油，放入洋蔥、彩椒、鹽以中火炒 3 分鐘，再加蘑菇炒 2 分鐘，關火加上黑胡椒粉盛出備用。

4　重新熱好鍋加入 1 大匙食用油，放入牛排以大火將兩面各煎 1 分鐘至表面呈焦褐色。

5　倒入步驟①的醬汁轉中火煮 4～5 分鐘，至醬汁幾乎收乾，期間不時翻面。

6　牛排放涼後，逆紋斜切成 2cm 厚的肉片。
＊逆紋斜切口感更軟嫩。

7　黃芥末醬均勻抹在 3 片餅皮上，依序擺上各 ⅓ 份的芥末菜→肉片→步驟③。

8　把配料緊緊包捲起來。

奶油培根雞蛋披薩

⏱ 20～25 分鐘
△ 2～3 人份
🄫 冷藏 2 天

- 墨西哥餅皮 2 片（8 吋）
- 青椒 ½ 個
  （或彩椒 ¼ 個，50g）
- 培根 2 片（28g）
- 蒜頭 1 顆
- 洋蔥 ¼ 顆（50g）
- 切達起司絲 ½ 杯（50g）
- 雞蛋 1 顆
- 研磨黑胡椒粉少許
- 橄欖油 1 小匙

奶油醬汁
- 鮮奶油 ¾ 杯（150㎖）
- 鹽 ¼ 小匙
- 研磨黑胡椒粉少許

延伸做法

- 可以在步驟③加入 1 條切碎的青陽辣椒拌炒。

1
蒜頭切片，洋蔥、青椒切成 0.5cm 寬的細絲，培根切成 1cm 寬的粗條。奶油醬汁放入小碗拌勻。烤箱預熱至 180℃。

2
在熱好的鍋中加入橄欖油，以中小火爆香蒜片 1 分 30 秒，加入洋蔥炒 1 分 30 秒。

3
倒入奶油醬汁煮 3～5 分鐘，煮至像優格般的濃稠度後關火。

4
在烤盤上鋪一張烘焙紙，放上 1 片餅皮，把 ½ 份的步驟③均勻抹在餅皮上。

5
覆上另一片餅皮。

6
再將剩餘的步驟③抹在餅皮上。

7
均勻放上青椒、培根、起司絲後，將披薩放入預熱至 180℃ 的烤箱中，烤 5 分鐘。

8
取出披薩，在中間騰出空間打入雞蛋，放回烤箱以 180℃ 烤 5～6 分鐘，直到雞蛋烤至半熟。出爐後撒上黑胡椒粉，蘸半熟蛋黃一起享用。

🕐 15 ～ 20 分鐘
△ 2 ～ 3 人份

- 墨西哥餅皮 2 片（8 吋）
- 切達起司絲 2 杯（200g）
- 雞里肌肉 2 塊
  （或雞胸肉 ½ 塊，50g）
- 蘑菇 2 朵（50g）
- 小番茄 3 ～ 4 顆
  （或牛番茄 ⅓ 顆，50g）
- 市售青醬 1 小匙＋1 大匙
- 研磨黑胡椒粉少許

延伸做法

- 可自製青醬：將 10 片羅勒葉、30g 核桃、2 大匙橄欖油、⅓ 小匙鹽、½ 小匙蒜末、少許研磨黑胡椒粉，放入調理機內攪打均勻即可。可多做一點保存（冷藏 2 週），運用在義大利麵、三明治、披薩、沙拉等料理上。

羅勒青醬雞肉披薩

1
雞里肌肉切成 2cm 寬的塊狀，與 1 小匙青醬拌勻醃 10 分鐘。蘑菇、小番茄切成 0.5cm 厚的片狀。烤箱預熱至 180℃。

2
在熱好的鍋中放入雞肉，以中火將兩面各煎 45 秒至金黃。

3
在烤盤上鋪一張烘焙紙，放上 2 片餅皮，把 ½ 大匙的青醬分別抹在餅皮上，再均勻鋪上 ¼ 份的起司絲。

＊按家中烤箱大小調整烤的片數。

4
平均放入雞肉、蘑菇、小番茄與剩餘起司，將披薩放入預熱好的烤箱中層 180℃烤 10 分鐘至金黃，出爐後撒上黑胡椒粉。

⏱ 15～20 分鐘
🍽 2 人份

- 墨西哥餅皮 2 片（8 吋）
- 玉米罐頭 ½ 罐（90g）
- 洋蔥 ¼ 顆（50g）
- 奶油 1 大匙
  （無鹽有鹽皆可）
- 帕瑪森起司粉 1 大匙
- 美乃滋 1 大匙
- 果寡糖 1 大匙
- 切達起司絲 ½ 杯（50g）

延伸做法

- 可做成韓式起司玉米：
  完成步驟②後，將玉米
  粒攤平在平底鍋內，均
  勻撒上適量的切達起司
  絲，蓋鍋蓋以小火將起
  司烤至融化即可。

起司玉米墨西哥酥餅

1
玉米瀝掉水分。洋蔥切成小丁。

2
在熱鍋中加入奶油，放入玉米、洋蔥以中火炒 2 分鐘後關火，加起司粉、美乃滋、果寡糖拌勻。

3
依序把各 ½ 份的玉米、洋蔥與起司絲分鋪在 2 張餅皮上（僅須鋪滿餅皮的一半），再將餅皮對折。

4
在熱好的鍋中放入步驟③，蓋鍋蓋以中火煎烤 2 分鐘，開蓋翻面用鍋鏟加壓煎烤 2 分鐘，再翻面煎烤 1 分鐘。

＊按家中平底鍋大小，分次煎烤。

🕐 **20～25 分鐘**
◠ **2 人份**

- 雜糧麵包 4 片（手掌大小）
- 里肌豬排 2 片（160g）
- 火腿片 2 片（24g）
- 起司片 2 片（40g）
- 切達起司絲 ½ 杯（50g）
- 墨西哥辣椒 8 小片（約 30g）
- 美式黃芥末醬 4 大匙
  （按口味增減）
- 食用油 1 大匙
- 奶油 2 大匙（無鹽有鹽皆可）

醃料
- 料理酒 ½ 大匙
- 橄欖油 1 大匙
- 鹽 ⅓ 小匙
- 黑胡椒粉少許

延伸做法

- 可用白吐司、巧巴達或法國麵包替代雜糧麵包，或用墨西哥餅皮將所有配料包起來做成捲餅。

古巴三明治 [1]

1
豬排先用廚房紙巾吸除血水，再用刀背輕拍成約 0.5cm 的厚度後，與醃料拌勻。

2
在熱鍋中加入食用油，放入豬排以中火將兩面各煎 2～3 分鐘至金黃。

＊請按豬排大小，增減煎的時間。

3
把黃芥末醬均勻塗抹在 4 片雜糧麵包上，取其中 2 片各擺上 ½ 的起司絲→1 片火腿→4 片墨西哥辣椒→1 片豬排→1 片起司，再分別蓋上一片麵包。

4
在熱好的鍋中加入奶油，放入步驟③用鍋鏟以中小火將三明治兩面各壓煎 2～3 分鐘，至起司融化。

＊請按家中平底鍋大小，分次煎烤。

1. 古巴三明治是一種由美國古巴裔移民所發明的三明治，因電影《五星主廚快餐車》而風靡全球。

⏱ **20 ～ 25 分鐘**
△ **2 人份**

- 白吐司 4 片
- 酪梨 1 顆（200g）
- 蘑菇 10 朵（200g）
- 彩椒 ½ 個（100g）
- 洋蔥 ¼ 顆（50g）
- 食用油 1 大匙
- 市售青醬 2 大匙
  （自製青醬參考 P312）

調味料
- 巴薩米克醋 2 大匙
- 砂糖 1 小匙
- 釀造醬油 1 小匙

延伸做法
- 可用等量（200g）的其他菇類替代蘑菇，或用等量（100g）的青椒、櫛瓜或茄子替代彩椒。

酪梨蘑菇三明治

1

蘑菇切成 0.5cm 厚的片狀，彩椒、洋蔥切細絲，酪梨處理好後橫切成 1cm 厚的片狀。調味料放入小碗內拌成醬汁。

＊酪梨處理參考 P277。

2

將吐司放入熱好的乾鍋中，以中小火兩面各烤 1 分 30 秒，烤好放入盤內放涼。

＊請按家中平底鍋大小，分次烤焙。

3

將鍋子擦乾淨，重新熱好鍋後加入食用油，放入蘑菇、彩椒、洋蔥以大火炒 1 分 30 秒，加入醬汁炒 30 秒～ 1 分鐘，至醬汁幾乎收乾為止。

4

把青醬勻抹在 4 片吐司上，取其中 2 片各擺上 ½ 份的酪梨與步驟③，再分別蓋上一片吐司。

🕐 **20 ～ 25 分鐘**
⌂ **2 人份**

- 白吐司 4 片
  （或雜糧麵包，180g）
- 綜合生菜 5 片（蘿美生
  菜、綠火焰萵苣等，切
  成一口大小，50g）
- 培根 4 片
  （切成一口大小，72g）

沙拉醬
- 帕瑪森起司粉 1 大匙
- 檸檬汁 1 大匙
- 美乃滋 3 大匙
- 砂糖 2 小匙
- 蒜末 1 小匙
- 研磨黑胡椒粉少許

延伸做法

- 可做成凱薩沙拉：完成
  步驟③後，將烤好的吐
  司切成小丁，再放入沙
  拉內拌勻即可。

凱薩沙拉三明治

1

將吐司放入熱好的乾鍋
中，以中小火兩面各烤 1
分 30 秒。烤好後將吐司
倆倆靠立放涼。

＊靠立放涼，避免吐司因熱
氣變濕軟。

2

重新熱好鍋後加入培根，
以中小火煎炒 5 ～ 6 分鐘
至酥脆，放在廚房紙巾上
吸除油脂。

3

把沙拉醬材料放入大碗內
拌勻，加入綜合生菜、步
驟②的培根輕輕拌勻。

4

取 2 片吐司分別擺上一半
的步驟③，再分別蓋上另
一片吐司壓緊，切成方便
食用的大小。

⏱ **20 ～ 25 分鐘**
🍽 **2 人份**

- 法國麵包 10cm 2 個
- 雞蛋 2 顆
- 小黃瓜 ½ 條（100g）
- 食用油 2 大匙
- 香菜少許（可省略）

紅白蘿蔔泡菜
- 白蘿蔔絲 100g
- 紅蘿蔔絲 70g
- 砂糖 2 大匙
- 白醋 3 大匙
- 鹽 1 小匙

醬料
- 辣椒末 2 條
  （紅辣椒、青辣椒等）
- 砂糖 1 大匙
- 白醋 1½ 大匙
- 韓國魚露 2 小匙
  （玉筋魚或鯷魚）

延伸做法
- 可加入切碎的花生與甜辣醬（或 Sriracha 是拉差辣椒醬），激盪出更豐富的異國風味。

越式雞蛋三明治

1

將泡菜材料放入大碗內拌勻 醃 10 ～ 15 分鐘，待白蘿蔔絲變軟後，用手擠乾水分。小黃瓜斜切成薄片。取一小碗把醬料拌勻。法國麵包橫剖切開。

2

把法國麵包的切面朝下放入熱好的乾鍋中，以中火烙 2 ～ 3 分鐘，把醬料勻抹在麵包上。

3

在熱鍋中加入食用油，打入雞蛋以中火兩面各煎 1 分鐘至金黃。

4

將所有配料平均夾入 2 個法國麵包內。

義大利麵組合技
8 道

雞蛋菠菜拿坡里義大利麵

採用日本改良的「拿坡里義大利麵」製成。

⋯⋯ P319

香辣蕈菇麵疙瘩

湯頭中放入蕈菇、水芹與青陽辣椒,非常適合解酒。

⋯⋯ P319

淡菜魚板湯麵

淡菜的鮮甜融入高湯中,加入魚板與洋蔥,清爽鮮美。

⋯⋯ P322

紫蘇油拌蕎麥麵佐芝麻葉

能嚐到紫蘇油與蕎麥麵的獨特香氣,更是爽口的拌麵。

⋯⋯ P323

雪花牛辣拌筋麵

超受歡迎的Q彈筋麵,搭配香氣十足的牛胸腹與時蔬。

⋯⋯ P324

火辣雞肉白醬炒麵

雞腿用香辣醬料拌炒,再加鮮奶油、烏龍麵做成特色炒麵。

⋯⋯ P325

南洋風涼拌米線

由鳳梨、蝦仁、米線與酸辣醬汁組合成,充滿南洋風情。

⋯⋯ P326

叉燒烏龍麵沙拉

叉燒肉搭配烏龍麵與芝麻醬汁,組成的冷麵沙拉十分美味。

⋯⋯ P327

香辣蕈菇麵疙瘩 ⋯⟶ P321

雞蛋菠菜拿坡里
義大利麵 ⋯⟶ P320

雞蛋菠菜拿坡里義大利麵

⏱ **25～30 分鐘**
🍽 **2～3 人份**

- 義大利直麵 1½ 把（120g）
- 菠菜 1 把（100g）
- 洋蔥 ½ 顆
  （或彩椒，100g）
- 大蔥 10cm
- 法蘭克福香腸 4 條
  （或培根，160g）
- 雞蛋 2 顆
- 橄欖油 1 大匙
  （或食用油）
- 研磨黑胡椒粉少許
- 帕瑪森起司粉少許

調味料

- 牛奶 2 大匙
- 番茄醬 8 大匙
- 蠔油 1 大匙
- 蒜末 1 小匙

延伸做法

- 可用煎蛋替代水波蛋（步驟④～⑥），與料理一起享用。

1
菠菜切成一口大小，洋蔥切成細絲，大蔥切成蔥花，香腸斜切成片。起一鍋煮義大利麵的滾水（10杯水＋1大匙鹽）備用。

2
調味料放入小碗內拌成醬汁。取兩個小碗各打入一顆雞蛋。

3
將義大利麵放入步驟①的滾水煮熟，記得比包裝標示的時間少煮一分鐘，煮好撈出瀝乾。

4
在小湯鍋中放入2～3杯清水煮滾，加入3大匙白醋，用筷子順著同一方向快速攪拌，使水紋呈現漩渦狀。

5
把一顆步驟②的雞蛋輕輕倒入漩渦中央，放著煮1分鐘。

6
用小漏勺輕輕把蛋撈起，放入冷開水內待表面凝固。按相同方式再煮一顆水波蛋。

7
在熱深鍋中加入橄欖油，放入洋蔥、大蔥、香腸以中火炒2分鐘，加入義大利麵、醬汁炒2分鐘。

8
關火放入菠菜，用餘熱拌炒1～2分鐘後盛盤，放上水波蛋、撒入黑胡椒粉、起司粉。

香辣蕈菇麵疙瘩

⏱ **45～50 分鐘**
🍽 **3～4 人份**

- 綜合菇 200g
- 水芹 1 把（70g）
- 洋蔥 ¼ 顆（50g）
- 青陽辣椒 2 條（可省略）

- 大蔥 15cm
- 油豆腐皮 10 片（可省略）
- 鹽少許

湯頭材料
- 熬湯用小魚乾 20 尾（20g）
- 去頭蝦乾 ½ 杯（15g）
- 昆布 5×5cm 5 片
- 大蔥 20cm
- 水 8 杯（1.6ℓ）

麵疙瘩麵團
- 麵粉 1½ 杯（中筋或高筋，150g）
- 馬鈴薯太白粉 ½ 杯（70g）
- 熱水約 ⅗ 杯（120㎖）＋冷水 2 大匙（30㎖）
- 食用油 1 大匙

調味料
- 韓國辣椒粉 2 大匙
- 蒜末 1 大匙
- 釀造醬油 2 大匙
- 韓式辣椒醬 1 大匙

延伸做法
- 可用市售的生麵疙瘩或刀切麵替代自製麵疙瘩，只要將分量控制在 300g 左右即可。
- 可用等量（15g）的熬湯用小魚乾替代蝦乾。

1
在熱好的湯鍋中放入小魚乾以中火乾炒 1 分鐘，加入其他湯頭材料轉中小火熬煮 25 分鐘後，撈出所有配料。
＊ 高湯應有 6½ 杯（1.3ℓ）量，不夠時加水補足。

2
把麵團材料放入大碗內，用手搓揉成光滑的麵團後，用塑膠袋裝好放在溫暖處（如瓦斯爐）旁 10 分鐘。
＊ 麵疙瘩麵團須比一般麵團柔軟才易撕成小塊。

3
摘除枯黃的水芹，切成 5cm 長段，綜合菇切成一口大小或剝成小條。

4
洋蔥切成 0.5cm 寬的細絲，青陽辣椒、大蔥斜切成片，油豆腐皮切成細絲。

5
將調味料放入步驟①的湯鍋以大火煮滾，加入菇類、洋蔥、青陽辣椒轉中火煮 7 分鐘。

6
爐火開著，用手將麵團撕成一口大小（約 0.5cm 寬）的片狀投入鍋內，以中火煮 3～5 分鐘，至麵疙瘩浮起並呈半透明狀。
＊ 手上抹點食用油更好撕。

7
加入水芹、大蔥、油豆腐皮以中火煮 1 分鐘，再依口味加鹽調味。

⏱ **30 ～ 35 分鐘**
🍽 **2 ～ 3 人份**

- 韓國細麵 2 把（140g）
- 淡菜 15 ～ 17 個（300g）
- 四角魚板 1 片
  （或其他魚板，50g）
- 洋蔥 ½ 顆（100g）
- 大蔥 30cm（斜切成片）
- 青陽辣椒 1 條（斜切成片）
- 韓國魚露 1 小匙
  （玉筋魚或鯷魚）
- 鹽 1 小匙（按口味增減）

湯頭材料
- 蒜頭 4 粒（切成蒜片，20g）
- 清酒 1 大匙（或韓國燒酒）
- 水 6 杯（1.2ℓ）

延伸做法

- 可做成淡菜魚板湯：只
  要拿掉細麵，然後將魚
  板增加至 3 片（150g）
  即可。

淡菜魚板湯麵

1

洋蔥切成 0.5cm 寬的細
絲，魚板先從長邊對半
切，再切成 0.5cm 寬的細
絲。淡菜處理乾淨。

＊淡菜處理參考 P12。

2

將淡菜、湯頭材料放入湯
鍋，以大火燒煮 5 分鐘
後，轉小火煮 10 分鐘。
用濾網濾出高湯。把淡菜
肉剝出備用。

3

將步驟②的高湯、魚板、
洋蔥、大蔥、青陽辣椒、
魚露，放入湯鍋以大火煮
滾後，轉中火煮 5 分鐘，
加入淡菜肉轉大火，待再
次煮滾後關火，依口味加
鹽調味。

4

另起一湯鍋滾水，將細麵
按包裝標示煮熟，撈出後
以冷開水沖洗、瀝乾，再
均分成 2 碗，舀入步驟③
的湯料。

⏱ 10 ～ 15 分鐘
△ 2 ～ 3 人份

- 蕎麥麵 2 把（140g）
- 原味海苔片 5 片
  （A4 大小）
- 韓國芝麻葉 10 片
  （切成粗條）
- 紫蘇油 2 大匙
- 白芝麻粒 1 大匙

調味料
- 釀造醬油 2 大匙
- 清酒 1 大匙
- 玉米糖漿 1 大匙
  （或果寡糖）

延伸做法

- 可用調味海苔片替代原味海苔，但因調過味，所以調味料用量需按個人口味調整。

紫蘇油拌蕎麥麵佐芝麻葉

1
將蕎麥麵放入滾水（5杯）中，按包裝標示時間煮熟後撈出，以冷開水沖洗、瀝乾。

2
調味料放入小鍋中以大火煮滾後，計時再煮 1 分鐘，倒入大碗內放涼。

3
把 2 片海苔疊成 1 片放入熱好的鍋中，以中小火兩面各烤 15 秒，完成後放入塑膠袋中捏碎。

4
將蕎麥麵、紫蘇油、白芝麻粒放入步驟②的大碗內與醬汁拌勻。再把碎海苔鋪在盤底，放上拌好的蕎麥麵與韓國芝麻葉。

🕐 **20～25 分鐘**　🍽 **2～3 人份**

- 韓國筋麵 1½ 把
  （或冷麵麵條，200g）
- 牛胸腹雪花火鍋肉片 200g
  （或豬五花火鍋肉片）
- 小黃瓜 1 條（200g）
- 洋蔥 ¼ 顆（50g）
- 食用油 1 大匙
- 白芝麻粒少許
- 鹽少許

調味料
- 砂糖 1 大匙
- 白芝麻粒 1 大匙
- 釀造醬油 1 大匙
- 韓式辣椒醬 2 大匙
- 韓國梅子醬 1½ 大匙（或果寡
  糖、蜂蜜，按口味增減）
- 芝麻油 1 大匙

延伸做法

- 可用等量（200g）的冷麵
  麵條替代韓國筋麵，只要把
  麵條按包裝標示煮熟，同時
  在調味料中多加 1 小匙韓
  國黃芥末醬即可。

雪花牛辣拌筋麵

1

小黃瓜、洋蔥切成細絲，
筋麵稍微剝開。調味料放
入大碗內拌成醬汁。起一
鍋煮筋麵的滾水（6 杯）
備用。

2

把筋麵放入步驟①的滾水
中，按包裝標示煮熟後撈
出，再以冷開水沖洗、瀝
乾。

3

在熱鍋中加食用油，放入
牛胸腹肉片、鹽，以中火
炒 4～5 分鐘至肉片炒出
焦褐色後，放在廚房紙巾
上吸油脂。

4

把筋麵放入步驟①的大碗
內與醬汁拌勻盛盤，擺上
小黃瓜、洋蔥、肉片，撒
白芝麻粒。

⏱ 25～30 分鐘　🍽 2～3 人份

- 烏龍麵 2 包（或韓國 Q 拉麵、義大利直麵，400g）
- 去骨雞腿肉 3 片（或雞胸肉 3 塊、雞里肌肉 12 塊，300g）
- 洋蔥 ½ 顆（100g）
- 青陽辣椒 2 條（按口味增減）
- 鮮奶油 1½ 杯（或牛奶，300㎖）
- 起司片 1 片
- 食用油 1 大匙

調味料
- 韓國辣椒粉 2 大匙
- 砂糖 1 大匙
- 蒜末 1 大匙
- 釀造醬油 2 大匙
- 韓式辣椒醬 2 大匙
- 黑胡椒粉少許

延伸做法

- 可不加青陽辣椒與辣椒粉、辣椒醬，並把蒜末減至 ½ 大匙，做成孩子也能吃的不辣口味。
- 可做成焗烤麵：取出適當分量的炒麵放入耐熱容器，撒上 1 杯（100g）切達起司絲，微波加熱至起司融化。

火辣雞肉白醬炒麵

1
洋蔥切成 0.5cm 的細絲，青陽辣椒切成粗末，雞腿肉切成一口大小。調味料放入小碗內拌成醬料。起一鍋煮烏龍麵的滾水（4杯）備用。

2
將烏龍麵放入步驟①的滾水中，以中火煮 2 分鐘（不要攪拌）後，撈出以冷開水沖洗、瀝乾。

＊攪拌麵條可能將麵煮斷。

3
在熱好的深鍋中加入食用油，放入雞腿肉以中火炒 3 分鐘，再加洋蔥、青陽辣椒、醬料炒 1 分鐘。

4
放入鮮奶油、起司片以中火炒 2～4 分鐘，把醬汁煮至如優格般的稠度後，放入烏龍麵拌炒 2 分鐘。

⏱ **20 ～ 25 分鐘**
△ **2 ～ 3 人份**

- 越南米線 2 把
  （寬度 0.3cm，100g）
- 冷凍蝦仁 10 隻（100g）
- 貝比生菜 1 把（或其他萵苣類
  蔬菜，25g，可省略）
- 小黃瓜 ¼ 條（或青椒）
- 彩椒 ¼ 個（或紅蘿蔔 ⅓ 條，50g）
- 罐頭鳳梨片 100g（或蘋果 ½ 顆）

調味料
- 洋蔥末 2 大匙
- 越南辣椒醬 2 大匙（不帶甜味）
- 番茄醬 1 大匙
- 白醋 1 大匙（按口味增減）
- 果寡糖 1 大匙
- 釀造醬油 1 小匙

延伸做法

- 可用等量（100g）的魷魚（約
  半隻）替代冷凍蝦仁，用滾水
  汆燙 2 分鐘再加入麵裡享用。

南洋風涼拌米線

1

把調味料放入小碗內拌成
醬汁。起一鍋煮米線的滾
水（5 杯水＋ ½ 小匙鹽）
備用。

2

將蝦仁泡在冷水內解凍。
小黃瓜、彩椒切成 0.5cm
寬的細絲，鳳梨切成一口
大小。

3

把米線放入步驟①的滾水
中，按包裝標示煮熟後撈
出，以冷開水沖洗、瀝
乾，同時讓水繼續燒開。

4

將蝦仁放入步驟③的滾水
中汆燙 2 分鐘後撈出，以
冷開水沖洗、瀝乾。將所
有食材盛盤，可加適量醬
汁拌勻。

⏱ 20 ～ 25 分鐘　🍽 2 ～ 3 人份

- 烏龍麵 1 包（200g）
- 豬五花肉條 300g（或豬梅花肉）
- 貝比生菜 1 把（25g）
- 小番茄 5 顆（或牛番茄 ½ 顆，75g）
- 玉米穀片 1 杯（或其他堅果 5 大匙）

醬汁
- 砂糖 1 大匙
- 釀造醬油 1 大匙
- 料理酒 1 大匙
- 水 ½ 杯（100㎖）

沙拉醬
- 現磨白芝麻粉 4 大匙
- 美乃滋 3 大匙
- 果寡糖 1 大匙
- 白醋 2 小匙（按口味增減）
- 釀造醬油 ½ 小匙

延伸做法
- 可用 2 把（140g）義大利麵替代烏龍麵，注意煮麵時要比包裝標示的時間多煮一分鐘，再加入最後步驟拌勻。

叉燒烏龍麵沙拉

1

取兩個小碗把醬汁與沙拉醬分別拌勻。小番茄對切，五花肉條用廚房紙巾吸除血水後，切成 2cm 寬的肉片。

2

在熱好的鍋中放入肉片以中火炒 3 分鐘，加醬汁至煮滾，計時拌炒 5 ～ 6 分到醬汁幾乎收乾後，放涼備用。

3

將烏龍麵放入滾水（5杯）中，以中火煮 2 分鐘（不要攪拌）後，撈出以冷開水沖洗瀝乾。

＊翻攪麵條可能將麵煮斷。

4

把肉片、麵條、小番茄放入大碗內輕輕拌勻盛盤，放上生菜與穀片即可，亦可加入適量的沙拉醬。

炸豬排&咖哩組合技
8 道

炸豬排三明治
吐司中夾入厚切豬排與滿滿的高麗菜絲，兼具營養與美味。

→ P329

鮮蔬炸豬排捲餅
用墨西哥餅皮將豬排、蔬菜與濃醇醬料包捲起來。

→ P329

韓式泡菜炸豬排丼
泡菜、炸豬排、蛋液以昆布高湯煨煮，蓋在熱騰騰的米飯上。

→ P332

乾烹迷你炸豬排
乾烹醬汁澆淋在迷你豬排上，交織成風味絕佳的料理。

→ P333

乾絞肉咖哩
櫛瓜、洋蔥、紅蘿蔔、豬絞肉等食材與咖哩塊拌炒。

→ P334

番茄牛肉咖哩
有著大塊的牛肉、番茄與各種時蔬，並以慢火細燉煮成。

→ P336

奶油雞肉咖哩
將洋蔥與雞腿肉用奶油仔細炒香，加入牛奶與咖哩粉燉煮。

→ P338

鳳梨咖哩
在咖哩中加入鳳梨，滋味清爽可口又具異國風味。

→ P339

鮮蔬炸豬排捲餅
⋯▶ P331

炸豬排三明治⋯▶ P330

炸豬排三明治

⏱ **20～25 分鐘**
🍽 **2 人份**

- 白吐司 4 片（180g）
- 市售炸豬排 2 片（200g）
- 高麗菜 3 片
  （手掌大小，90g）
- 洋蔥 ⅕ 顆
  （或紅蘿蔔，40g）
- 韓國芝麻葉 4 片（8g）
- 食用油 1 杯（200㎖）
- 美乃滋 2 小匙

調味料
- 砂糖 1 大匙
- 白醋 1 大匙
- 美乃滋 4 大匙
- 釀造醬油 1½ 小匙
- 韓國黃芥末醬 1～1½ 小匙（按口味增減）

延伸做法
- 可用墨西哥餅皮替代吐司：完成步驟⑤後，先把豬排切成 2～3 等分，再用餅皮將食材包捲起來。

1
洋蔥切成細絲，用冷開水浸泡 10 分鐘去除辛辣後撈出瀝水，用廚房紙巾將水分吸乾。

2
韓國芝麻葉捲起來切成細絲，高麗菜切成細絲。

＊高麗菜可使用刨絲器。

3
把調味料放入大碗拌成醬料，再放入高麗菜、洋蔥、韓國芝麻葉拌勻。

4
將吐司放入熱好的乾鍋中，以中小火兩面各烤 1 分 30 秒。烤好後，將吐司倆倆靠立放涼。

＊將吐司靠立放涼，不會因熱氣變濕軟。

5
在熱好的深鍋中加入食用油，以大火將油溫燒熱至 180℃後（參考 P281 步驟⑦），放入豬排轉小火炸 2 分鐘，用筷子將豬排戳 3～4 下，再翻面繼續炸 6～8 分鐘。

＊也可按照包裝標示炸熟。

6
取 2 片吐司先各擺上一半的步驟③與一片豬排。

7
分別蓋上另一片抹有 1 小匙美乃滋的吐司後壓緊，再切成方便食用的大小。

鮮蔬炸豬排捲餅

🕐 **20～25 分鐘**
△ **2 人份**

- 墨西哥餅皮 3 片（8 吋）
- 市售炸豬排 1 片（100g）
- 紫高麗菜 2 片（60g）
  （或高麗菜，手掌大小）
- 小黃瓜 ½ 條（100g）
- 牛番茄 ⅓ 顆（50g）
- 食用油 1 杯（200㎖）

醃料
- 白醋 2 大匙
- 鹽少許

調味料
- 現磨白芝麻粉 2 大匙
- 市售豬排醬 3 大匙
- 美乃滋 1 大匙

> **延伸做法**
>
> - 可用吐司替代墨西哥餅皮：完成步驟⑥後，把醬料抹在 2 片吐司上，分別鋪上配料，蓋上另一片吐司。

1
紫高麗菜切成細絲，放入大碗內與醃料拌勻醃 10 分鐘，再撈出瀝乾。

＊也可以用刨絲器。

2
小黃瓜縱切成 0.5cm 寬的薄片，牛番茄先對切，再切成 0.5cm 厚的片狀。

3
把墨西哥餅皮放入熱好的乾鍋中，以中火兩面各烤 15 秒。

4
在熱好的深鍋中加入食用油，以大火將油溫燒熱至 180℃後（參考 P281 步驟⑦），放入豬排轉小火炸 2 分鐘，用筷子將豬排戳 3～4 下，再翻面繼續炸 6～8 分鐘。

＊也可按照包裝標示炸熟。

5
豬排放涼後切成 6 等分。

6
將調味料放入小碗內拌成醬料。

7
將 ⅓ 份的醬料塗抹在半張餅皮上，分別擺上各 ⅓ 份的紫高麗菜絲、小黃瓜、番茄、豬排。

8
把左右兩側的餅皮向內折好，並將所有食材包捲起來。再按相同方式做出 2 份捲餅。

＊可用烘焙紙包緊，再對半切開。

🕐 **25～30 分鐘**
🍽 **2 人份**

- 熱白飯 1½ 碗（300g）
- 市售炸豬排 2 片（200g）
- 熟成白菜泡菜 1 杯（150g）
- 洋蔥 ¼ 顆（50g）
- 大蔥 15cm（切成蔥花）
- 雞蛋 2 顆
- 料理酒 2 大匙
- 釀造醬油 ½ 大匙
- 食用油 1 杯（200㎖）＋1 大匙

醬汁
- 昆布 5×5cm 4 片
- 釀造醬油 1 大匙
- 料理酒 ½ 大匙
- 砂糖 1 小匙
- 水 2 杯（400㎖）

延伸做法

- 可以在步驟④加入 1 條切碎的青陽辣椒，與豬排一起燒煮。

韓式泡菜炸豬排丼

1
洋蔥切成細絲，泡菜切成1cm 寬的片狀。雞蛋打入小碗內攪拌成蛋液。

2
在熱好的深鍋中加入食用油 1 杯（200㎖），以大火將油溫燒熱至180℃後（參考 P281 步驟⑦），放入豬排轉小火炸 2 分鐘，用筷子將豬排戳 3～4 下，再翻面繼續炸 6～8 分鐘。

＊也可按照包裝標示炸熟。

3
在熱好的鍋中加入 1 大匙食用油，放入泡菜、料理酒、釀造醬油，以中小火拌炒 3～4 分鐘後盛出。

4
把鍋子擦乾淨，放入醬汁材料以大火煮滾，加洋蔥轉中小火煮 10 分鐘後取出昆布。放入泡菜、豬排、蔥花，均勻倒入蛋液，以中火煮 1 分鐘，再將食材擺在白飯上。

＊倒入蛋液後不要攪動，湯汁才會清澈。

⏱ 20 ～ 25 分鐘
🍽 2 ～ 3 人份
🧊 冷藏 2 天

- 冷凍迷你豬排 20 片
  （或炸豬排 2 片，200g）
- 洋蔥 ¼ 顆（50g）
- 青椒 1 個（或彩椒 ½ 個，100g）
- 大蔥 15cm（切成蔥花）
- 青陽辣椒 1 條（可省略）
- 食用油 3 大匙
- 辣椒油 1 大匙（或食用油）

乾烹醬汁
- 砂糖 1 ½ 大匙
- 蒜末 ½ 大匙
- 白醋 2 大匙
- 釀造醬油 2 大匙
- 馬鈴薯太白粉 1 小匙
- 芝麻油 1 小匙
- 水 ½ 杯（100㎖）

延伸做法

- 可不加青陽辣椒並以食用油替代辣椒油，做成孩子也能吃的不辣口味。

乾烹迷你炸豬排

1
洋蔥、青椒切成 0.5cm 寬的細絲，青陽辣椒切成辣椒圈。乾烹醬汁材料放入小碗內拌勻。

2
在熱鍋中加入食用油，放入迷你豬排以中小火兩面各煎 2 分 30 秒～ 3 分鐘後盛出。

＊也可按照包裝標示煮熟。

3
在熱好的鍋中加辣椒油，以中火爆香洋蔥 1 分鐘，再加青椒炒 1 分鐘。

4
放入大蔥、青陽辣椒、乾烹醬汁以中火炒 1 分鐘，待醬汁變濃稠後，淋在迷你豬排上享用。

＊醬汁澆淋前再攪拌一下。

乾絞肉咖哩

⏱ **30 ～ 35 分鐘**
⌂ **2 ～ 3 人份**
🍱 冷藏 **4** 天

- 豬絞肉 200g
  （或牛絞肉）
- 櫛瓜 ½ 條（250g）
- 洋蔥 1 顆（200g）
- 紅蘿蔔 ¼ 條
  （或使用菇類，50g）
- 咖哩塊 2 小塊
  （或咖哩粉 4 大匙，
  按鹹度增減）
- 釀造醬油 1 小匙
- 水 ¼ 杯（50㎖）
- 奶油 1 大匙
  （無鹽有鹽皆可）

醃料
- 蒜末 ½ 大匙
- 清酒 1 大匙
- 鹽少許
- 黑胡椒粉少許

延伸做法

- 可在咖哩上加顆生蛋黃，享受更香滑濃郁的口感。

1
將豬絞肉放入大碗內與醃料拌勻。

2
櫛瓜、洋蔥、紅蘿蔔切成 0.5cm 見方的小丁。

3
在熱好的深鍋中加入奶油，放入洋蔥以中火炒 3 分鐘。

4
加入櫛瓜、紅蘿蔔轉大火炒 2 分鐘，再放入豬絞肉炒 2 分鐘。

5
倒入 ¼ 杯水（50㎖）轉中小火煮 5 分鐘，不時翻動食材以防燒焦。

6
放入咖哩塊、釀造醬油攪煮 2 分鐘，至咖哩塊完全溶解。

番茄牛肉咖哩

⏱ **30～35 分鐘**
△ **2～3 人份**
▣ **冷藏 2 天**

- 嫩肩里肌牛排 300g
  （厚度 1.5cm，或肋眼、菲力）
- 去皮整顆番茄罐頭 1 罐（400g）
- 蒜頭 5 粒（25g）
- 洋蔥 ½ 顆（100g）
- 茄子 1 條（150g）
- 櫛瓜 ½ 條（250g）
- 咖哩粉 5 大匙
  （或咖哩塊 2 ½ 小塊，按鹹度增減）
- 食用油 1 大匙

延伸做法

- 可以用青椒、彩椒、大黃瓜等其他蔬菜替代洋蔥、茄子、櫛瓜，只要蔬菜總量控制在 500g 左右即可。
- 可將 1 把（70g）義大利麵按包裝標示煮熟後加入享用。

1 牛肉用廚房紙巾吸除血水後切成大塊。

2 蒜頭切片，洋蔥、茄子、櫛瓜切成與牛肉差不多的大小。

3 在熱鍋中加入食用油，以小火爆香蒜片 1 分鐘。

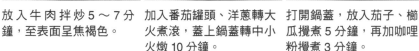

4 放入牛肉拌炒 5～7 分鐘，至表面呈焦褐色。

5 加入番茄罐頭、洋蔥轉大火煮滾，蓋上鍋蓋轉中小火燉 10 分鐘。
＊不時翻動食材以防燒焦。

6 打開鍋蓋，放入茄子、櫛瓜攪煮 5 分鐘，再加咖哩粉攪煮 3 分鐘。

搭配烤過的墨西哥餅皮 延伸

⏱ **30 ～ 35 分鐘**
🍴 **2 ～ 3 人份** 📦 冷藏 4 天

- 去骨雞腿肉 4 片
  （或雞胸肉，400g）
- 洋蔥 ½ 顆（100g）
- 蒜末 1 大匙
- 薑末 1 小匙（可省略）
- 奶油 2 大匙（無鹽，20g）
- 牛奶 3 杯（600㎖）
- 咖哩粉 5 大匙（或咖哩塊
  2½ 小塊，按鹹度增減）
- 釀造醬油 1 小匙

醃料
- 麵粉 1 大匙
- 咖哩粉 1 大匙
- 清酒 1 大匙
- 橄欖油 1 大匙
- 韓國辣椒粉 2 小匙
- 鹽少許
- 黑胡椒粉少許

延伸做法
- 可用較容易購買的墨西哥餅皮
  替代印度烤餅（Naan），將
  餅皮放入熱好的乾鍋中，以中
  火兩面各烤 15 秒即可。

奶油雞肉咖哩

1 雞腿肉切成一口大小後與醃料拌勻。洋蔥切小丁。

2 在熱好的湯鍋中放入奶油、洋蔥、蒜末、薑末以中火炒 3 分鐘。

3 加入雞腿肉轉中小火炒 2 分 30 秒。
＊持續翻動食材，注意不要炒焦。

4 放入牛奶、咖哩粉、釀造醬油，轉中火繼續攪煮 8 ～ 10 分鐘，至咖哩醬濃稠。

⏱ **30 ～ 35 分鐘**
△ **2 ～ 3 人份**
▣ **冷藏 2 天**

- 罐頭鳳梨 2 片（200g）
- 洋蔥 ¼ 顆（50g）
- 彩椒 ¼ 個（50g）
- 青花菜 ⅙ 個（50g）
- 食用油 1 大匙
- 咖哩粉 9 大匙（或咖哩塊
  4 ½ 小塊，按鹹度增減）
- 水 2 ½ 杯（500㎖）
- 牛奶 ¼ 杯（或鮮奶油，50㎖）
- 砂糖 1 小匙

延伸做法

- 可以用等量（200g）的新
  鮮鳳梨替代罐頭鳳梨，但得
  先加入步驟②與洋蔥一起炒
  過才行。

鳳梨咖哩

1

把鳳梨、洋蔥、彩椒、青
花菜切成一口大小。

2

在熱好的湯鍋中加入食用
油，放入洋蔥、彩椒以中
火拌炒 2 分鐘。

3

加入咖哩粉、2 ½ 杯水
（500㎖）轉大火煮滾，
再轉中火攪煮 5 分鐘。

4

放入鳳梨、青花菜、牛
奶、砂糖攪煮 3 分鐘。

炒年糕＆餃子組合技
6 道

乾烹韓式年糕
蔬菜丁與Q彈年糕搭配乾烹醬汁拌炒成，滋味酸甜夠味。

···→ P341

香辣魷魚年糕湯
在香辣的年糕湯裡放入整尾魷魚，每口都能感受到鮮甜的海味與嚼勁。

···→ P342

明太子奶油白醬炒年糕
用甘鮮鹹香的明太子與香濃鮮奶油做出風味醬汁，再和年糕一起拌炒成的暖心料理。

···→ P344

酸辣韭菜拌煎餃
清脆的韭菜與黃豆芽拌入酸辣開胃的醬汁，再與煎至金黃的酥脆煎餃一起上桌。

···→ P346

冰花煎餃＆高麗菜沙拉
餃子底部猶如雪花結晶般的酥脆麵衣，與一旁清爽解膩的高麗菜沙拉，猶如置身餐酒館。

···→ P348

辣醬煎餃
煎至酥脆的水餃上裹著甜辣醬汁，是人人都愛的韓式小點。

···→ P349

⏱ 20 ～ 25 分鐘
△ 2 人份

- 韓國年糕條 1⅓杯（200g）
- 洋蔥 ¼ 顆（50g）
- 青椒 1 個
  （或彩椒 ½ 個，100g）
- 蒜頭 2 粒（切成蒜片，10g）
- 食用油 1 大匙

乾烹醬汁
- 砂糖 1 大匙（按口味增減）
- 水 2 大匙
- 白醋 1½ 大匙
- 釀造醬油 1 大匙
- 蠔油 ½ 大匙

延伸做法
- 可用等量（1 大匙）的
  辣椒油替代食用油，並
  在步驟③加入 1 條切碎
  的青陽辣椒一起拌炒。

乾烹韓式年糕

1

洋蔥、青紅椒切成小丁。
乾烹醬汁材料放入小碗內
拌勻。起一鍋煮年糕的滾
水（2 杯）備用。

2

將年糕放入滾水中以中火
煮 1 ～ 2 分鐘至軟化，再
撈出以清水沖洗後瀝乾。

＊若使用現做年糕可省略此
步驟。

3

在熱好的深鍋中加入食用
油，以中小火爆香蒜片 1
分鐘，放入洋蔥、青紅椒
拌炒 1 分鐘，倒入乾烹醬
汁炒 1 分鐘。

4

加入年糕以中火炒 2 ～ 3
分鐘至入味。

香辣魷魚年糕湯

🕐 20～25 分鐘
🍴 2 人份

- 韓國年糕條 1⅓ 杯
  （200g）
- 魷魚 1 尾
  （270g，處理後 180g）
- 韓國芝麻葉 10 片
  （切成粗條）
- 大蔥 40cm
- 食用油 1 大匙
- 水 1 杯（200㎖）

調味料
- 砂糖 2 大匙
- 韓國辣椒粉 2 大匙
- 蒜末 1 大匙
- 釀造醬油 1 大匙
- 蠔油 1 大匙
- 韓式辣椒醬 1½ 大匙

延伸做法

- 可將冷凍大蝦仁（9
  隻，180g）解凍，加入
  步驟⑥與魷魚一起煮。
- 可在最後加入 1 條切碎
  的青陽辣椒一起煮。

1

將年糕放入滾水（2 杯）
中以中火煮 1～2 分鐘至
軟化，再撈出以清水沖洗
後瀝乾。

＊若使用現做年糕可省略此
步驟。

2

大蔥先切成 5cm 長段，
再縱切成薄片。魷魚處理
乾淨，在身體一側以 1cm
為間距切出刀口（如照片
所示），腳切成長段。

＊不剪開魷魚處理參考 P13。

3

把調味料拌成醬料後均分
成兩份，分別與燙軟的年
糕、處理好的魷魚拌勻。

4

在熱好的湯鍋中加入食用
油，以中小火爆香蔥片 1
分鐘。

5

放入年糕拌炒 2 分鐘後，
倒入 1 杯水（200㎖），
蓋鍋蓋轉大火煮滾，再計
時煮 2 分 30 秒。

6

加入魷魚以大火煮 4～
5 分鐘，期間不時翻動食
材，最後上桌前再加韓國
芝麻葉。

明太子奶油白醬炒年糕

⏱ 20 ～ 25 分鐘
🍴 2 人份

- 韓國年糕條 1⅓ 杯（200g）
- 洋蔥 ½ 顆（100g）
- 青花菜 ⅓ 個（100g）
- 蘑菇 2 朵（40g）
- 食用油 1 大匙
- 研磨黑胡椒粉少許

醬汁
- 明太子 1 ～ 2 條
  （40g，按鹹度增減）
- 鮮奶油 1 杯（200㎖）
- 牛奶 ½ 杯（100㎖）

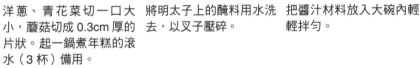

延伸做法
- 可以在步驟⑤加入 1 條切碎的青陽辣椒一起炒。

1 洋蔥、青花菜切一口大小，蘑菇切成 0.3cm 厚的片狀。起一鍋煮年糕的滾水（3 杯）備用。

2 將明太子上的醃料用水洗去，以叉子壓碎。

3 把醬汁材料放入大碗內輕輕拌勻。

4 將年糕放入步驟①的滾水中以中火煮至軟化，再撈出以清水沖洗後瀝乾。放入青花菜汆燙 1 分鐘後，撈出以清水沖洗、瀝乾。

5 在熱好的深平底鍋中加入食用油，以中火爆香洋蔥、蘑菇 2 分鐘，加入年糕、醬汁轉大火煮滾，再轉中火煮 3 分鐘，不時翻炒食材以防燒焦。

6 放入青花菜、黑胡椒粉繼續炒 1 分鐘。

＊可加鹽巴或帕瑪森起司粉增添風味。

酸辣韭菜拌煎餃

⏱ 15 ～ 20 分鐘
◻ 2 人份

- 冷凍煎餃 8 個
  （按口味增減）
- 韭菜 2 把（100g）
- 黃豆芽 2 把（100g）
- 食用油 4 大匙

調味料
- 白芝麻粒 1 大匙
- 砂糖 1 大匙
- 白醋 3 大匙
  （按口味增減）
- 果寡糖 1 大匙
- 韓式辣椒醬 2 大匙
- 芝麻油 1 大匙
- 蒜末 1 小匙

延伸做法

- 可用等量（100g）切絲的高麗菜替代黃豆芽，不須煮熟直接與醬汁拌勻即可。

1

把調味料放入大碗內拌成醬汁。

2

韭菜切成 5cm 長段。黃豆芽以清水洗淨後瀝乾。

3

將黃豆芽、½ 杯水放入鍋中，蓋上鍋蓋以大火煮30 秒，再轉中火煮 5 分鐘，撈出黃豆芽瀝乾、攤平放涼。

＊請全程蓋上鍋蓋，黃豆芽才不會有腥味。

4

在熱鍋中加入食用油，放入煎餃以中火煎 4 ～ 5 分鐘至兩面金黃。

5

蓋鍋蓋煎 1 分鐘，再打開鍋蓋轉大火，邊煎邊翻面煎 1 分鐘至外皮酥脆。

＊請按照煎餃包裝標示的時間煎製。

6

把煮熟的黃豆芽、韭菜放入步驟①的大碗內輕輕拌勻，與煎餃一起盛盤。

⏱ **15 ～ 20 分鐘**
⌂ **2 人份**
▣ **冷藏 1 天**

- 冷凍煎餃 10 個（按大小增減）
- 高麗菜 3 片（手掌大小，90g）

粉漿水
- 酥炸粉 1 大匙
- 水 ½ 杯（100㎖）
- 食用油 4 大匙

沙拉醬
- 白芝麻粒 1 大匙
- 砂糖 1 大匙
- 白醋 1 大匙
- 釀造醬油 1 大匙
- 山葵醬 ½ 小匙（按口味增減）
- 黑胡椒粉少許

延伸做法
- 可以用等量（90g）的韭菜、切細的洋蔥絲替代高麗菜。

冰花煎餃＆高麗菜沙拉

1
取兩個大碗把粉漿水與沙拉醬分別拌勻。高麗菜盡量切成細絲。

＊也可用刨絲器。

2
把冷凍煎餃放在熱好的鍋中以圓形排列整齊，均勻倒入粉漿水後蓋上鍋蓋，以大火煎 3 ～ 4 分鐘把煎餃煎熟，注意不要煎焦。

3
轉小火繼續煎 2 ～ 3 分鐘，把底部煎至金黃。

4
把高麗菜絲放入大碗內與沙拉醬拌勻，和步驟③的冰花煎餃一起上桌。

⏱ 15 ～ 20 分鐘
🍽 2 人份
🗄 冷藏 2 天

- 冷凍水餃 18 個（300g）
- 洋蔥 ½ 顆（100g）
- 大蔥 10cm
- 食用油 3 大匙＋1 大匙
- 綜合堅果少許（切碎，可省略）

調味料
- 韓國辣椒粉 ½ 大匙
- 蒜末 ½ 大匙
- 玉米糖漿 3 大匙（或蜂蜜）
- 韓式辣椒醬 2 大匙
- 辣椒油 2 大匙
- 砂糖 1 小匙
- 釀造醬油 1 小匙

延伸做法

- 可用等量（300g）的煎餃、鍋貼或麥克雞塊替代水餃，只要按包裝標示方式煮熟，放入煮好的醬料中拌勻即可。

辣醬煎餃

1	2	3	4
洋蔥切丁，大蔥約略切碎。調味料放入小碗內拌成醬料。	在熱好的鍋中加入 3 大匙食用油，放入冷凍水餃，按包裝標示時間煎熟後盛出備用。	在熱好的鍋中加入 1 大匙食用油，以中火爆香洋蔥、大蔥 2 分鐘，倒入醬料轉小火炒 1 分鐘。	放入煎熟的水餃、綜合堅果拌勻。

MEMO

國家圖書館出版品預行編目資料

韓國媽媽最愛的韓食組合技 / <<Super Recipe>> 月刊誌作 . -- 初版 . -- 臺北市：三采文化股份有限公司，2023.07
　面；　公分
ISBN 978-626-358-101-2(平裝)

1.CST: 食譜 2.CST: 韓國
427.132　　　　　　　　　112007141

suncolor
三采文化

好日好食 63

韓國媽媽最愛的韓食組合技
最道地食材搭配，煮出 230⁺ 道韓風家常菜

作者｜《Super Recipe》月刊誌、鄭愍　　譯者｜陳建安

編輯四部 總編輯｜王曉雯　　主編｜黃迺淳　　文字編輯｜吳孟芳　　版權經理｜孔奕涵
美術主編｜藍秀婷　　封面設計｜李蕙雲　　內頁編排｜陳佩君　　校對｜周貝桂　　校對協力｜游芮慈

發行人｜張輝明　　總編輯長｜曾雅青　　發行所｜三采文化股份有限公司
地址｜台北市內湖區瑞光路 513 巷 33 號 8 樓
傳訊｜ TEL:8797-1234　FAX:8797-1688　　網址｜ www.suncolor.com.tw
郵政劃撥｜帳號：14319060　　戶名：三采文化股份有限公司
本版發行｜ 2023 年 7 月 28 日　定價｜ NT$680

진짜 기본 요리책 : 응용편
Copyright © 2022 by Recipe Factory & Jung Min
All rights reserved.
Original Korean edition published by Recipe factory.
Chinese(complex) Translation rights arranged with Recipe factory.
Chinese(complex) Translation Copyright © 2023 by SUN COLOR Culture Co., Ltd
through M.J. Agency, in Taipei.